国家基本职业培训包（指南包 课程包）

智能楼宇管理员

（试行）

人力资源社会保障部职业能力建设司编制

中国劳动社会保障出版社

图书在版编目(CIP)数据

智能楼宇管理员：试行／人力资源社会保障部职业能力建设司编制. --北京：中国劳动社会保障出版社，2020

国家基本职业培训包：指南包　课程包

ISBN 978-7-5167-4417-8

Ⅰ.①智… Ⅱ.①人… Ⅲ.①智能化建筑-管理-职业培训-教材　Ⅳ.①TU855

中国版本图书馆 CIP 数据核字(2020)第 055116 号

中国劳动社会保障出版社出版发行

(北京市惠新东街1号　邮政编码：100029)

*

北京市艺辉印刷有限公司印刷装订　新华书店经销

880毫米×1230毫米　16开本　9.25印张　163千字

2020年5月第1版　2020年5月第1次印刷

定价：29.00元

读者服务部电话：(010)64929211/84209101/64921644

营销中心电话：(010)64962347

出版社网址：http://www.class.com.cn

版权专有　　　侵权必究

如有印装差错，请与本社联系调换：(010)81211666

我社将与版权执法机关配合，大力打击盗印、销售和使用盗版图书活动，敬请广大读者协助举报，经查实将给予举报者奖励。

举报电话：(010)64954652

编 制 说 明

为贯彻落实《中华人民共和国国民经济和社会发展第十三个五年规划纲要》提出的"实行国家基本职业培训包制度"的要求，大力推行终身职业技能培训制度，推进实施职业技能提升行动，按照《人力资源社会保障部办公厅关于推进职业培训包工作的通知》（人社厅发〔2016〕162号）的工作安排，"十三五"期间，组织开发培训需求量大的100个左右国家基本职业培训包，指导开发100个左右地方（行业）特色职业培训包，到"十三五"末，力争全面建立国家基本职业培训包制度，普遍应用职业培训包开展各类职业培训。

职业培训包开发工作是新时期职业培训领域的一项重要基础性工作，旨在形成以综合职业能力培养为核心、以技能水平评价为导向，实现职业培训全过程管理的职业技能培训体系，这对于进一步提高培训质量，加强职业培训规范化、科学化管理，促进职业培训与就业需求的有效衔接，推行终身职业培训制度具有积极的作用。

国家基本职业培训包是集培养目标、培训要求、培训内容、课程规范、考核大纲、教学资源等为一体的职业培训资源总和，是职业培训机构对劳动者开展政府补贴职业培训服务的工作规范和指南。国家基本职业培训包由指南包、课程包和资源包三个子包构成，三个子包各含有相应培训内容与教学资源。

在征求各地培训需求的基础上，经调研论证，人力资源社会保障部组织有关行业专家编制了首批中式烹调师等10个职业（工种）的国家基本职业培训包（指南包 课程包），并于2017年10月印发施行。

编制说明

在首批中式烹调师等 10 个职业（工种）国家基本职业培训包编制的基础上，2018 年 11 月，人力资源社会保障部继续组织有关行业专家开展第二批电工等 15 个职业（工种）的国家基本职业培训包（指南包 课程包）的编制工作。

此次编制的电工等 15 个职业（工种）的国家基本职业培训包遵循《职业培训包开发技术规程（试行）》的要求，依据国家职业技能标准和企业岗位技术规范，结合新经济、新产业、新职业发展编制，力求客观反映现阶段本职业（工种）的技术水平、对从业人员的要求和职业培训教学规律。

《国家基本职业培训包（指南包 课程包）——智能楼宇管理员（试行）》是在各有关专家的共同努力下完成的。主要起草人员有牛云陛、徐庆继、杨国庆、孟庆宜、田金颖、张素萍、李玉轩、李振刚；主要审定人员有吴爱国、黄民德、刘国忠；参与编审人员有于家庆、佘清瑛、徐强、康立红、张媛、徐熙思、徐鹏程，在编制过程中得到了中国天津人力资源开发服务中心、国家职业资格培训鉴定实验基地、天津中德应用技术大学、天津城建大学、天津城市职业学院、天津大学、大悦城（天津）有限公司等有关单位的大力支持，在此一并致谢。

国家基本职业培训包编审委员会

主　任　张立新

副主任　张　斌　王晓君　袁　芳　魏丽君

委　员　王　霄　项声闻　杨　奕　葛恒双
　　　　蔡　兵　张　伟　赵　欢　吕红文

目 录

1 指 南 包

1.1 职业培训包使用指南 …………………………………………… 002
- 1.1.1 职业培训包结构与内容 …………………………………… 002
- 1.1.2 培训课程体系介绍 ………………………………………… 003
- 1.1.3 培训课程选择指导 ………………………………………… 012
- 1.1.4 各类资源使用说明 ………………………………………… 013

1.2 职业指南 …………………………………………………………… 013
- 1.2.1 职业描述 …………………………………………………… 013
- 1.2.2 职业培训对象 ……………………………………………… 013
- 1.2.3 就业前景 …………………………………………………… 013

1.3 培训机构设置指南 ………………………………………………… 013
- 1.3.1 师资配备要求 ……………………………………………… 013
- 1.3.2 培训场所设备配置要求 …………………………………… 014
- 1.3.3 教学资料配备要求 ………………………………………… 019
- 1.3.4 管理人员配备要求 ………………………………………… 019
- 1.3.5 管理制度要求 ……………………………………………… 019

2 课 程 包

2.1 培训要求 …………………………………………………………… 022
- 2.1.1 职业基本素质培训要求 …………………………………… 022

目录

  2.1.2 四级/中级职业技能培训要求 ········· 023
  2.1.3 三级/高级职业技能培训要求 ········· 027
  2.1.4 二级/技师职业技能培训要求 ········· 030
  2.1.5 一级/高级技师职业技能培训要求 ········· 032
 2.2 课程规范 ········· 034
  2.2.1 职业基本素质培训课程规范 ········· 034
  2.2.2 四级/中级职业技能培训课程规范 ········· 040
  2.2.3 三级/高级职业技能培训课程规范 ········· 052
  2.2.4 二级/技师职业技能培训课程规范 ········· 064
  2.2.5 一级/高级技师职业技能培训课程规范 ········· 071
  2.2.6 培训建议中培训方法说明 ········· 078
 2.3 考核规范 ········· 079
  2.3.1 职业基本素质培训考核规范 ········· 079
  2.3.2 四级/中级职业技能培训理论知识考核规范 ········· 081
  2.3.3 四级/中级职业技能培训操作技能考核规范 ········· 084
  2.3.4 三级/高级职业技能培训理论知识考核规范 ········· 085
  2.3.5 三级/高级职业技能培训操作技能考核规范 ········· 088
  2.3.6 二级/技师职业技能培训理论知识考核规范 ········· 089
  2.3.7 二级/技师职业技能培训操作技能考核规范 ········· 091
  2.3.8 一级/高级技师职业技能培训理论知识考核规范 ········· 092
  2.3.9 一级/高级技师职业技能培训操作技能考核规范 ········· 094

附录 培训要求与课程规范对照表

 附录1 职业基本素质培训要求与课程规范对照表 ········· 096
 附录2 四级/中级职业技能培训要求与课程规范对照表 ········· 103
 附录3 三级/高级职业技能培训要求与课程规范对照表 ········· 115
 附录4 二级/技师职业技能培训要求与课程规范对照表 ········· 127
 附录5 一级/高级技师职业技能培训要求与课程规范对照表 ········· 134

1
指南包

1.1 职业培训包使用指南

1.1.1 职业培训包结构与内容

智能楼宇管理员职业培训包由指南包、课程包和资源包三个包构成，结构如图1所示。

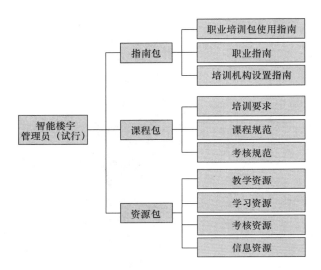

图1　职业培训包结构图

指南包是指导培训机构、培训教师与学员开展职业培训的服务性内容总合，包括职业培训包使用指南、职业指南和培训机构设置指南。职业培训包使用指南是培训教师与学员了解职业培训包内容、选择培训课程、使用培训资源的说明性文本，职业指南是对职业信息的概述，培训机构设置指南是对培训机构开展职业培训提出的具体要求。

课程包是培训机构与教师实施职业培训、培训学员接受职业培训必须遵守的规范总合，包括培训要求、课程规范、考核规范。培训要求是参照国家职业技能标准、结合职业岗位工作实际需求制定的职业培训规范；课程规范是依据培训要求、结合职业培训教学规律，对课程设置、课堂学时、课程内容与培训方法等所做的统一规定；考核规范是针对课程规范中所规定的课程内容开发的，能够科学评价培训学员过程性学习效果与终结性培训成果的规则，是客观衡量培训学员职业基本素质与职业技能水平的标准，也是实施职业培训过程性与终结性考核的依据。

资源包是依据课程包要求，基于培训学员特征，遵循职业培训教学规律，应用先进职业培训课程理念，开发的多媒介、多形式的职业培训与考核资源总合，包括教学资源、学习资源、考核资源和信息资源。教学资源是为培训教师组织实施职业培训教学活动提供的相关资源；学习资源是为培训学员学习职业培训课程提供的相关资源；考核资源是为培训机构和教师实施职业培训考核提供的相关资源；信息资源是为培训教师和学员开阔视野提供的体现科技进步、职业发展的相关动态资源。

1.1.2 培训课程体系介绍

智能楼宇管理员职业培训课程体系依据职业技能等级分为职业基本素质培训课程、四级/中级职业技能培训课程、三级/高级职业技能培训课程、二级/技师职业技能培训课程和一级/高级技师职业技能培训课程，每一类课程包含模块、课程和学习单元三个层级。智能楼宇管理员职业培训课程体系均源自本职业培训包课程包中的课程规范，以学习单元为基础，形成职业层次清晰、内容丰富的"培训课程超市"。

智能楼宇管理员职业培训课程学时分配一览表

职业技能等级	课堂学时		其他学时	培训总学时
	职业基本素质培训课程	职业技能培训课程		
四级/中级	63	122	55	240
三级/高级	40	132	28	200
二级/技师	20	82	38	140
一级/高级技师	—	79	21	100

注：课堂学时是指培训机构开展的理论课程教学及实操课程教学的建议最低学时数。除课堂学时外，培训总学时还应包括岗位实习、现场观摩、自学自练等其他学时。

（1）职业基本素质培训课程

模块	课程		学习单元	课堂学时
1. 职业认知与职业道德	1-1	职业认知	职业认知	1
	1-2	职业道德基本知识	职业道德基本知识	2
	1-3	职业守则	职业守则	1
2. 智能楼宇基础知识	2-1	智能楼宇系统概述	智能楼宇系统概述	4
	2-2	智能社区系统概述	智能社区系统概述	2
	2-3	楼宇自动控制知识	楼宇自动控制知识	4
	2-4	绿色建筑基本知识	绿色建筑基本知识	4

续表

模块	课程	学习单元	课堂学时
3. 电气基础	3-1 电工电子基础	（1）直流电路	2
		（2）正弦交流电路	1
		（3）常用半导体器件及稳压电源电路	2
		（4）数字电路基础	1
	3-2 电气控制基础	（1）常用低压电器元件	2
		（2）典型电气控制电路	2
	3-3 供配电基础	（1）电力系统的基本概念	1
		（2）电力负荷的分级	1
		（3）低压配电系统接地的方式	1
4. 建筑机电设备基础	4-1 给排水设备基本原理	（1）给水设备基本原理	1
		（2）排水设备基本原理	1
	4-2 通风与空调设备基本原理	通风与空调设备基本原理	4
	4-3 建筑电气设备基本原理	（1）电梯系统基本知识	4
		（2）供配电系统基本知识	2
		（3）照明系统基本知识	2
5. 电气安全基础	5-1 安全用电	（1）安全用电基本知识	2
		（2）设备的安全用电	2
		（3）建筑的安全用电	2
	5-2 防雷与接地	（1）防雷的基本知识	2
		（2）接地的基本知识	2
6. 计算机应用基础	6-1 计算机操作系统知识	计算机操作系统知识	2
	6-2 常用计算机操作系统	常用计算机操作系统	2
	6-3 计算机网络与通信	计算机网络与通信	3
7. 相关法律、法规知识	相关法律、法规知识	相关法律、法规知识	1
课堂学时合计			63

注：本表所列为四级/中级职业基本素质培训课程，其他等级职业基本素质培训课程按"智能楼宇管理员职业培训课程学时分配一览表"中相应的课堂学时要求进行必要的调整。

（2）四级／中级职业技能培训课程

模块	课程	学习单元	课堂学时
1. 综合布线系统管理与维护	1-1 接续设备更换	（1）综合布线系统的基础知识	1
		（2）配线架的更换	1
		（3）信息模块的更换	2
	1-2 缆线端接	（1）综合布线系统的图例符号	2
		（2）铜缆的端接	2
	1-3 跳线连接	（1）铜缆跳线的制作	1
		（2）铜缆跳线的跳接管理	1
2. 火灾自动报警及消防联动控制系统管理与维护	2-1 探测器维护	（1）火灾自动报警系统基本知识	2
		（2）火灾探测器的功能与分类	4
		（3）火灾探测器线路连接方式	2
		（4）常用火灾探测器的检测方法	2
		（5）火灾探测器的更换	2
	2-2 测控模块维护	（1）测控模块的功能及工作原理	4
		（2）测控模块的线路连接方式	2
		（3）常用测控模块的检测方法	2
		（4）测控模块更换注意事项	2
	2-3 消防应急照明及疏散指示标志的维护	（1）消防应急照明及疏散指示标志的功能及分类	2
		（2）消防应急照明及疏散指示标志的线路连接方式	2
		（3）消防应急照明及疏散指示标志的测试	2
		（4）消防应急照明及疏散指示标志的维修、保养方法	2
3. 网络和通信系统管理与维护	3-1 交换机网络连接	（1）交换机基本知识	2
		（2）交换机的工作原理及功能	4
		（3）交换机接口类型	1
		（4）交换机端口模式	1
		（5）交换机的连接	2
	3-2 有线电视用户分配网的维护	（1）有线电视用户分配网的线路、器材维护	1
		（2）有线电视用户分配网的线路、器材更换	1

续表

模块	课程	学习单元	课堂学时
4. 建筑设备监控系统管理与维护	4-1 传感器和执行器的维护与更换	（1）传感器的维护	1
		（2）阀门的维护	1
		（3）执行器的维护	2
		（4）传感器的更换	1
		（5）阀门的更换	1
		（6）执行器的更换	2
	4-2 现场控制器的维护与更换	（1）直接数字控制器的维护	4
		（2）可编程控制器的维护	4
		（3）直接数字控制器的更换	2
		（4）可编程控制器的更换	2
	4-3 中央控制站的运行管理	（1）中央控制站的基本操作	2
		（2）中央控制站的运行界面识读	2
5. 安全防范系统管理与维护	5-1 视频监控系统前端设备及传输系统的维护与更换	（1）视频监控系统基本知识	2
		（2）视频监控前端设备的维护和更换	2
		（3）视频监控传输设备及其线路的维护和更换	4
	5-2 入侵报警系统前端设备及传输系统的维护与更换	（1）入侵报警系统基本知识	2
		（2）入侵报警系统前端设备的维护及更换	2
		（3）入侵报警系统传输模式及传输线路的维护和更换	3
	5-3 门禁管理系统用户端设备的维护与更换	（1）门禁管理系统基本知识	2
		（2）门禁管理系统用户端设备及传输线路的维护和更换	3
		（3）可视对讲系统设备及传输线路的维护和更换	4
6. 会议、广播和多媒体显示系统管理与维护	6-1 会议系统运行与维护	（1）会议系统分类与组成	2
		（2）会议系统连接	2
		（3）会议系统基本校验与配置及运行操作	2
		（4）会议系统基本维护	2

续表

模块	课程	学习单元	课堂学时
6. 会议、广播和多媒体显示系统管理与维护	6-2 广播系统运行与维护	（1）广播系统分类与组成	2
		（2）广播系统连接方式	1
		（3）广播系统校验与配置及运行操作	2
		（4）广播系统基本维护	1
	6-3 多媒体显示系统运行与维护	（1）多媒体显示系统分类与组成	2
		（2）多媒体显示系统线路连接方式	2
		（3）多媒体显示系统配置与维护	4
课堂学时合计			122

（3）三级／高级职业技能培训课程

模块	课程	学习单元	课堂学时
1. 综合布线系统管理与维护	1-1 光纤处理	（1）光纤的基本概念	1
		（2）光纤的熔接方法	1
		（3）光纤跳线的制作	1
	1-2 连通性能测试	（1）铜缆布线系统的性能	1
		（2）光纤布线系统的性能	1
		（3）识读铜缆及光纤布线系统的测试记录	1
2. 火灾自动报警及消防联动控制系统检修与保养	2-1 探测器检修	（1）火灾探测器的设置和选择	2
		（2）火灾探测器的检测及故障分析	2
		（3）火灾探测器的地址码整定	2
		（4）区别不同功能的线路	2
		（5）线路修复与敷设	2
	2-2 测控模块检修	（1）测控模块故障分析	2
		（2）测控模块连接线路检修方法	2
		（3）线路修复与敷设	2
	2-3 消防设备设施巡查	（1）消防主要联动设备的基本原理	2
		（2）消防设施设备巡检	2
		（3）报警信息处理	2
		（4）消防联动设备的基本原理及功能检测	2
		（5）测控模块与联动设备连接方式	2

续表

模块	课程	学习单元	课堂学时
3.网络和通信系统管理与维护	3-1 计算机网络组网	（1）计算机网络组成原理	4
		（2）有线网络设备	2
		（3）无线网络设备	2
		（4）网络安全设备	2
		（5）网络的规划设计	2
		（6）网络设备的配置管理	4
		（7）无线网络概念及组成	2
		（8）无线网组网配置	4
	3-2 有线电视用户分配网测试和管理	（1）有线电视用户分配网性能测试	4
		（2）有线电视用户分配网检修	4
4.建筑设备监控系统管理与维护	4-1 传感器和执行器测试与检修	（1）传感器的功能测试	1
		（2）阀门的功能测试	1
		（3）执行器的功能测试	2
		（4）传感器的故障检修	1
		（5）阀门的故障检修	1
		（6）执行器的故障检修	2
	4-2 现场控制器测试与检修	（1）直接数字控制器的功能测试	2
		（2）可编程控制器的功能测试	2
		（3）直接数字控制器的故障检修	2
		（4）可编程控制器的故障检修	2
5.安全防范系统管理与维护	5-1 视频监控系统测试与检修	（1）视频监控系统设备功能测试	4
		（2）视频监控系统传输线路的检修	2
	5-2 入侵报警系统测试与检修	（1）入侵报警系统设备原理及控制器功能测试	4
		（2）入侵报警系统联动功能测试	2
		（3）入侵报警系统传输线路的检修	2
	5-3 门禁系统测试与检修	（1）门禁系统设备原理及控制器功能测试	4
		（2）门禁系统联动功能测试	1
		（3）门禁系统传输线路的检修	1
		（4）可视对讲系统设备工作原理	1
		（5）可视对讲系统传输线路的检修	1

续表

模块	课程	学习单元	课堂学时
5. 安全防范系统管理与维护	5-4 停车场管理系统维护	（1）停车场管理系统检测设备的维护	2
		（2）停车场管理系统控制设备的维护	2
6. 会议、广播和多媒体显示系统管理与维护	6-1 会议系统测试与检修	（1）会议系统工作原理及设备性能	4
		（2）会议系统测试方法及记录日志	2
		（3）会议系统常见故障	2
		（4）会议系统检修	2
	6-2 广播系统测试与检修	（1）广播系统工作原理及设备性能	2
		（2）广播系统测试	2
		（3）广播系统电声性能测量	2
		（4）广播系统常见故障	2
		（5）广播系统检修	2
	6-3 多媒体显示系统测试与检修	（1）多媒体显示系统工作原理及设备性能	2
		（2）多媒体显示系统测试	2
		（3）多媒体显示系统常见故障类型	2
		（4）多媒体显示系统检修	2
课堂学时合计			132

（4）二级／技师职业技能培训课程

模块	课程	学习单元	课堂学时
1. 综合布线系统管理与维护	1-1 综合布线系统接管	系统及技术资料接收流程	2
	1-2 综合布线系统升级改造	综合布线系统的升级改造	6
2. 火灾自动报警及消防联动控制系统管理与维护	2-1 火灾报警主机功能核查	（1）测试火灾报警主机功能	1
		（2）火灾报警主机的参数设置及核查	2

续表

模块	课程	学习单元	课堂学时
2. 火灾自动报警及消防联动控制系统管理与维护	2-2 消防联动控制系统检查	（1）编写消防联动程序	1
		（2）测试消防联动功能	1
		（3）排查消防联动控制系统故障	1
	2-3 火灾报警主机远程接口功能核查	（1）配置火灾报警主机接口	1
		（2）测试火灾报警主机接口功能	1
3. 网络和通信系统管理与维护	3-1 计算机网络测试与维护	（1）局域网组网需求分析	2
		（2）局域网组网参数配置方法	2
		（3）远程管理局域网	2
		（4）网络故障分类	2
		（5）局域网常见故障诊断	2
	3-2 卫星电视天线管理与维护	卫星电视天线的维护、更换及位置校正	4
4. 建筑设备监控系统管理与维护	4-1 现场控制器编程与调试	（1）直接数字控制器、可编程控制器的编程	8
		（2）直接数字控制器、可编程控制器的调试	8
	4-2 建筑设备监控系统组态与调试	典型建筑设备监控系统的组态及调试方法	8
5. 安全防范系统管理与维护	5-1 视频监控系统设备配置	（1）视频存储器的设置	2
		（2）视频服务器的设置	2
	5-2 入侵报警系统主机配置	（1）入侵报警控制器的设置	2
		（2）入侵报警系统管理软件的操作	2
	5-3 门禁系统配置与管理	（1）门禁系统控制器的设置	2
		（2）门禁系统管理软件的操作	2

续表

模块	课程	学习单元	课堂学时
6.培训与管理	6-1 培训	（1）职业培训基本流程	1
		（2）制订培训计划	1
		（3）课堂组织与教学	2
		（4）对三级/高级工及以下级别人员实施培训	8
	6-2 管理	（1）编制设备维修计划	2
		（2）制定设备管理台账	2
课堂学时合计			82

（5）一级/高级技师职业技能培训课程

模块	课程	学习单元	课堂学时
1.网络和通信系统管理与维护	1-1 网络安全管理	（1）网络安全管理概述	4
		（2）网络安全管理方案	2
		（3）网络安全管理软件的功能	2
		（4）网络安全管理与维护方法	2
		（5）网络安全管理软件配置	2
	1-2 虚拟专用网络（VPN）管理	（1）虚拟专用网络（VPN）工作原理	2
		（2）VPN网络规划及实施管理	3
		（3）VPN的节点部署及测试	3
2.建筑设备监控系统管理与维护	2-1 建筑设备节能方案制定与评估	（1）建筑节能基本知识	2
		（2）制定建筑设备节能运行方案	6
		（3）能耗监测系统基本组成	2
		（4）制定建筑设备节能改造方案	6
		（5）建筑设备能耗分析	4

续表

模块	课程	学习单元	课堂学时
2. 建筑设备监控系统管理与维护	2-2 系统集成与云平台管理	（1）智能楼宇系统集成技术	2
		（2）制定智能楼宇系统集成方案	2
		（3）云平台的基本概述	1
		（4）管理建筑群云平台	2
3. 安全防范系统优化	3-1 安全防范系统联动优化	（1）安全防范系统的升级改造	4
		（2）安全防范系统的联动控制	2
	3-2 安全防范系统集成优化	安全防范系统的集成优化	2
4. 培训与管理	4-1 培训	（1）对二级/技师及以下级别人员进行理论培训	2
		（2）对二级/技师及以下级别人员进行技能操作指导	6
	4-2 管理	（1）对智能楼宇管理人员进行技术能力评估	8
		（2）制定智能楼宇管理人员业务提升规划	8
课堂学时合计			79

1.1.3 培训课程选择指导

职业基本素质培训课程为必修课程，相当于本职业的入门课程。各级别职业技能培训课程由培训机构教师根据培训学员实际情况，遵循高级别涵盖低级别的原则进行选择。

原则上，初入职的培训学员应学习职业基本素质培训课程和四级/中级职业技能培训课程的全部内容，有职业技能等级提升需求的培训学员，可按照国家职业技能标准的"鉴定要求"，对照自身需求选择更高等级的培训课程。

具有一定从业经验、无职业技能等级晋升要求的培训学员，可根据自身实际情况自主选择本职业培训课程体系。具体方法为：（1）选择课程模块；（2）在模块中筛选课程；（3）在课程中筛选学习单元；（4）组合成本次培训的课程内容。

培训教师可以根据以上方法对培训学员进行单独指导。对于订单培训，培训教师可以按照如上方法，对照订单需求进行培训课程的选择。

1.1.4　各类资源使用说明

（待各类资源开发完成后补充。）

1.2　职业指南

1.2.1　职业描述

智能楼宇管理员是从事建筑智能化系统操作、调试、检测、维护等工作的人员。

1.2.2　职业培训对象

智能楼宇管理员职业培训的对象主要包括：城乡未继续升学的应届高中毕业生、农村转移就业劳动者、城镇登记失业人员、转岗转业人员、退役军人、企业在职职工和高校毕业生等各类有培训需求的人员。

1.2.3　就业前景

智能楼宇管理员是智能建筑及弱电管理领域中处于发展主流位置的紧缺职业之一。可以在大中型物业管理企业、各大行政事业单位，城市交通枢纽（火车站、机场、公共交通站等），大型医疗机构（医院、急救中心等），农业大棚种植养殖基地，学校、培训机构，大型商贸中心、宾馆、酒店、公寓、写字楼等从事工作。

1.3　培训机构设置指南

1.3.1　师资配备要求

（1）培训教师任职基本条件

1）培训四级/中级、三级/高级智能楼宇管理员的教师应具有本职业二级/技师及以上的职业资格证书或相关专业中级及以上专业技术职务任职资格。

2）培训智能楼宇管理员二级/技师的教师应具有本职业一级/高级技师职业资格证书或相关专业副高级专业技术职务任职资格。

3）培训智能楼宇管理员一级/高级技师的教师应具有本职业一级/高级技师职业资格证书2年以上或相关专业高级专业技术职务任职资格。

（2）培训教师数量要求（以30人培训班为基准）

1）四级/中级、三级/高级智能楼宇管理员培训班教师数量要求：每班配备专业课教师2人以上（含2人）。其中专业理论教师不少于1人，实习指导教师不少于1人。培训规模超过30人的，按教师与学员之比不低于1∶20配备教师。

2）二级/技师、一级/高级技师智能楼宇管理员培训班教师数量要求：每班配备专业课教师3人（含3人）。其中专业理论教师不少于1人，实习指导教师不少于2人。培训规模超过30人的，按教师与学员之比不低于1∶20配备教师。

1.3.2　培训场所设备配置要求

培训场所设备配置要求如下（以30人培训班为基准）：

（1）理论知识培训场所设施配置要求：60平方米以上标准教室，多媒体教学设备（计算机、投影仪、幕布或显示屏、网络接入设备、音响设备）、黑板、30套以上桌椅，符合照明、通风、安全等相关规定。

（2）操作技能培训场所设备配置要求：实习工位充足，设备设施配套齐全，符合环保、劳保、安全、卫生、消防、通风和照明等相关规定及安全规程。配备三相（单相）交流电源，功率不小于5 kW。

其中：智能楼宇管理员（四级/中级、三级/高级）培训场所应具备综合布线系统，火灾自动报警及消防联动控制系统，网络和通信系统，建筑设备监控系统，安全防范系统，会议、广播和多媒体显示系统进行安装、接线、运行、维护、测试、检修、排故等操作的实训设备及必需的工作台（桌）、椅。智能楼宇管理员（二级/技师、一级/高级技师）培训场所应具备综合布线系统、火灾自动报警及消防联动控制系统、网络和通信系统、建筑设备监控系统、安全防范系统进行编程、调试、设置参数、绘图、文本编辑、影像及图片处理等操作的实训设备及必需的工作台（桌）、椅。配备31台计算机（含教师机、电脑桌、座椅、相关软件），组成局域网，并配有多媒体广播教学系统。

实训用用具设备及其他物品、材料等配置要求如下：

序号	用具设备及其他物品、材料	数量或规格说明	等级			
			四级/中级	三级/高级	二级/技师	一级/高级技师
1	标准网络机柜	数量：8台 规格：长600×宽600×高1 600，32 U	✓	✓	✓	×
2	PDU机柜电源插板	8个，8位，10 A，2 500 W	✓	✓	✓	×
3	24口网络配线架	8个，固定组合模块式，1 U 8个，可拆卸模块式，1 U	✓	✓	✓	×
4	24口理线器	16个，12挡，1 U	✓	✓	✓	×
5	24口语音配线架	8个，可拆卸模块式，1 U	✓	✓	✓	×
6	110语音配线架	8个，100对，1 U	✓	✓	✓	×
7	信息插座（面板、模块、底盒）	16个，单口（RJ45口） 16个，单口（RJ11口） 16个，双口（RJ45口+RJ11口）	✓	✓	✓	×
8	RJ45跳线	32根，超5类线，EIA/T568B	✓	✓	×	×
9	RJ11跳线	32根，超5类线	✓	✓	×	×
10	超5类网线	2盘，耗材，按需储备	✓	✓	×	×
11	平行电话线	2盘，耗材，按需储备	✓	✓	×	×
12	RJ45水晶头	500个，耗材，按需储备	✓	✓	×	×
13	RJ11水晶头	500个，耗材，按需储备	✓	✓	×	×
14	多功能网络工具包	16套，压线钳、电缆剥线器、网线测通仪、打线器、螺丝钉旋具、元件盒	✓	✓	×	×
15	12口光纤终端盒	8个，SC/LC/FC	✓	✓	✓	×
16	光纤收发器	8个，RJ45/FC； 8个，BNC/FC	✓	✓	×	×
17	光纤熔接机	4台，皮线、尾纤、单芯光纤	✓	✓	×	×
18	光纤切割刀	4台，光纤热熔、冷接通用	✓	✓	×	×
19	皮线光纤快速端接器	32个，耗材，按需配备	✓	✓	×	×
20	单芯光纤	2盘，耗材，按需配备	×	✓	×	×
21	皮线光纤	2盘，耗材，按需配备	×	✓	×	×
22	光纤跳线	32根，SC/SC，FC/FC	✓	✓	×	×
23	光纤连接器	100个，耗材，按需配备	✓	✓	×	×

续表

序号	用具设备及其他物品、材料	数量或规格说明	等级 四级/中级	三级/高级	二级/技师	一级/高级技师
24	光纤工具包	16套，热熔、冷接通用	✓	✓	×	×
25	福禄克测试仪	4台，铜缆、光纤测试	✓	✓	✓	×
26	计算机（局域网）	8台，局域组网，无线Wifi	✓	✓	✓	✓
27	网络交换机	8台，8口千兆	✓	✓	✓	✓
28	程控交换机	8台，4进/24出	✓	✓	✓	✓
29	无线路由器	8台，4口千兆	✓	✓	✓	✓
30	电话机	16部，壁挂式座机	✓	✓	✓	×
31	网络电视	8台，32英寸	✓	✓	✓	✓
32	有线电视信号放大器	16个，1分4，增强数字闭路通用	✓	✓	×	×
33	有线电视信号分支器	32个，1分2，增强数字闭路通用	✓	✓	×	×
34	有线电视信号分配器	32个，1分2，增强数字闭路通用	✓	✓	×	×
35	DVD播放机	8台，有线电视信号源	✓	✓	×	×
36	同轴电缆视频插头	32个，耗材，按需配备	✓	✓	×	×
37	同轴电缆	2盘，75Ω	✓	✓	×	×
38	视频信号场强仪	4台，视频信号强度测试	✓	✓	×	×
39	火灾报警控制器	8台，国内品牌产品	✓	✓	✓	×
40	火灾显示盘	8台，国内品牌产品	✓	✓	✓	×
41	光电感烟探测器	16个，国内品牌产品	✓	✓	✓	×
42	感温探测器	16个，国内品牌产品	✓	✓	✓	×
43	有害气体探测器	8个，国内品牌产品	✓	✓	✓	×
44	红外感应探测器	8个，国内品牌产品	✓	✓	✓	×
45	消防输入模块	16个，国内品牌产品	✓	✓	✓	×
46	消防输出模块	16个，国内品牌产品	✓	✓	✓	×
47	消防输入/输出模块	32个，国内品牌产品	✓	✓	✓	×
48	消防隔离模块	16个，国内品牌产品	✓	✓	✓	×

续表

序号	用具设备及其他物品、材料	数量或规格说明	等级			
			四级/中级	三级/高级	二级/技师	一级/高级技师
49	消防手动报警按钮	8个，国内品牌产品	✓	✓	✓	×
50	消火栓按钮	8个，国内品牌产品	✓	✓	✓	×
51	消防声光报警器	8个，国内品牌产品	✓	✓	✓	×
52	消防电子编码器	32个，国内品牌产品	✓	✓	✓	×
53	消防电话模块	8个，国内品牌产品	✓	✓	✓	×
54	消防广播模块	8个，国内品牌产品	✓	✓	✓	×
55	吸顶音箱	8个，国内品牌产品	✓	✓	✓	×
56	消防电话主机	8台，国内品牌产品	✓	✓	✓	×
57	广播功率放大器	8台，国内品牌产品	✓	✓	✓	×
58	拾音器	8台，国内品牌产品	✓	✓	✓	×
59	一体化模拟全球摄像机	8台，800线	✓	✓	✓	✓
60	模拟半球摄像机	8台，500线，云台，三可变	✓	✓	✓	✓
61	模拟枪式摄像机	8台，500线，云台，三可变；8台，500线	✓	✓	✓	✓
62	模拟（带网口）硬盘录像机	8台	✓	✓	✓	✓
63	模拟矩阵主机	8台	✓	✓	✓	✓
64	一体化网络数字全球摄像机	8台，500万像素，云台，三可变	✓	✓	✓	✓
65	网络数字半球摄像机	8台，200万像素，云台，三可变	✓	✓	✓	✓
66	网络数字枪式摄像机	8台，200万像素，云台，三可变；8台，200万像素	✓	✓	✓	✓
67	视频服务器	8台	✓	✓	✓	✓
68	网络硬盘录像机	8台	✓	✓	✓	✓
69	解码器	8台	✓	✓	✓	✓
70	直流供电电源	8台	✓	✓	✓	✓

续表

序号	用具设备及其他物品、材料	数量或规格说明	等级			
			四级/中级	三级/高级	二级/技师	一级/高级技师
71	联网式可视门口机（含门锁）	8台，人脸识别、指纹、密码、智能卡、门锁控制	✓	✓	✓	×
72	网关	8台，用于可视对讲	✓	✓	✓	×
73	可视对讲数字室内分机	8台，视频、对讲、开锁、安防	✓	✓	✓	×
74	可视对讲配套电源	8台	✓	✓	✓	×
75	开门按钮	8个，控制门锁	✓	✓	✓	×
76	智能密码锁	8个，人脸识别、指纹、密码、智能卡、门锁控制	✓	✓	✓	×
77	安防主机	8台，数字式，带键盘	✓	✓	✓	✓
78	安防主机转换接口	8台	✓	✓	✓	✓
79	入侵报警前端设备	8套，探测、报警、控制	✓	✓	✓	✓
80	门禁系统	8套，读卡器、控制器、软件	✓	✓	✓	✓
81	电子锁	8套，24 V	✓	✓	✓	✓
82	磁卡扣	100个，与门禁系统配套	✓	✓	✓	✓
83	直接数字控制器	8套，DI/DO：40点，AI/AO：24点	✓	✓	✓	✓
84	可编程控制器	8套，DI/DO：40点，AI/AO：24点	✓	✓	✓	✓
85	变频器	8套	✓	✓	✓	✓
86	现场末端设备	8套，传感器、变送器、驱动器、执行器、伺服、电动机、智能模块	✓	✓	✓	✓
87	能耗监测系统	8套，数字采集器、智能电表、智能水表、电量变送器	×	×	×	✓
88	能耗管理软件	8套	×	×	×	✓
89	会议系统	8套	✓	✓	×	×
90	广播系统	8套	✓	✓	×	×
91	多媒体显示系统	8套	✓	✓	×	×
92	停车场管理系统	8套，闸机、道杆、高清摄像机、地磁、管理软件	×	✓	×	×

1.3.3 教学资料配备要求

（1）培训规范：《智能楼宇管理员国家职业技能标准》《智能楼宇管理员职业基本素质培训要求》《智能楼宇管理员职业技能培训要求》《智能楼宇管理员职业基本素质培训课程规范》《智能楼宇管理员职业技能培训课程规范》《智能楼宇管理员职业基本素质培训考核规范》《智能楼宇管理员职业技能培训理论知识考核规范》《智能楼宇管理员职业技能培训操作技能考核规范》。

（2）教学资源、教材教辅、网络资源等内容必须符合"（1）培训规范"。

1.3.4 管理人员配备要求

（1）专职校长：1人，应具有本科及以上文化程度、副高级及以上专业技术职务任职资格，从事职业技术教育及教学管理5年以上，熟悉职业培训的有关法律法规。

（2）教学管理人员：1人以上，专职不少于1人，应具有本科及以上文化程度、中级及以上专业技术职务任职资格，从事职业技术教育及教学管理5年以上，具有丰富的教学管理经验。

（3）办公室人员：1人以上，应具有大专及以上文化程度。

（4）财务管理人员：2人，应具有大专及以上文化程度。

1.3.5 管理制度要求

应建立健全完备的管理制度，包括办学章程与发展规划、教学管理、教师管理、学院管理、财务管理、设备管理等制度。

2 课程包

2.1 培训要求

2.1.1 职业基本素质培训要求

职业基本素质模块	培训内容		培训细目
1. 职业认知与职业道德	1-1	职业认知	(1) 智能楼宇管理员简介 (2) 智能楼宇管理员工作内容
	1-2	职业道德基本知识	(1) 道德与职业道德的概念 (2) 职业道德的社会作用及表现形式 (3) 智能楼宇管理员职业道德规范
	1-3	职业守则	智能楼宇管理员职业守则
2. 智能楼宇基础知识	2-1	智能楼宇系统概述	(1) 智能楼宇基本概述 (2) 智能楼宇功能特点 (3) 智能楼宇系统集成 (4) 智能建筑技术要求 (5) 智能楼宇典型应用
	2-2	智能社区系统概述	(1) 智能社区基本概述 (2) 智能社区功能特点 (3) 智能社区典型应用
	2-3	楼宇自动控制知识	(1) 自动控制系统介绍 (2) 经典控制理论 (3) 现代控制理论 (4) 人工智能技术
	2-4	绿色建筑基本知识	(1) 绿色建筑基本概述 (2) 建筑节能技术 (3) 新能源技术在建筑中的应用
3. 电气基础	3-1	电工电子基础	(1) 直流电路 (2) 正弦交流电路 (3) 常用半导体器件及稳压电源电路 (4) 数字电路基础
	3-2	电气控制基础	(1) 常用低压电器 (2) 典型电气控制电路
	3-3	供配电基础	(1) 电力系统的基本概念 (2) 电力负荷的分级 (3) 低压配电系统接地的方式

续表

职业基本素质模块	培训内容	培训细目
4. 建筑机电设备基础	4-1 给排水设备基本原理	（1）给水系统 （2）排水系统
	4-2 通风与空调设备基本原理	（1）通风与空调的基本知识 （2）中央空调系统组成
	4-3 建筑电气设备基本原理	（1）电梯系统 （2）供配电系统 （3）照明系统
5. 电气安全基础	5-1 安全用电	（1）防止触电的主要措施 （2）电气设备及线路的电气绝缘 （3）建筑安全用电的主要措施
	5-2 防雷与接地	（1）建筑物防雷装置的选择 （2）建筑物的接地方法
6. 计算机应用基础	6-1 计算机操作系统知识	（1）计算机基础知识 （2）计算机系统组成 （3）计算机安全使用常识 （4）大数据基础知识 （5）云计算基础知识 （6）人工智能基础知识
	6-2 常用计算机操作系统	（1）Windows7 操作系统 （2）Windows10 操作系统
	6-3 计算机网络与通信	（1）计算机网络基础知识 （2）Internet 基础
7. 相关法律、法规知识	相关法律、法规知识	（1）《中华人民共和国劳动合同法》 （2）《中华人民共和国节约能源法》 （3）《中华人民共和国合同法》 （4）《中华人民共和国建筑法》

2.1.2 四级／中级职业技能培训要求

职业功能模块	培训内容	技能目标	培训细目
1. 综合布线系统管理与维护	1-1 接续设备更换	1-1-1 能更换配线架	更换配线架
		1-1-2 能更换信息模块	更换信息模块
	1-2 缆线端接	1-2-1 能识别铜缆、配线架的标识	识别综合布线系统的图例符号
		1-2-2 能对铜缆进行端接	端接铜缆

续表

职业功能模块	培训内容	技能目标	培训细目
1.综合布线系统管理与维护	1-3 跳线连接	1-3-1 能制作铜缆跳线	制作铜缆跳线
		1-3-2 能操作铜缆跳线的跳接管理	管理跳线
2.火灾自动报警及消防联动控制系统管理与维护	2-1 探测器维护	2-1-1 能检查探测器接线	（1）对火灾探测器进行检测 （2）对火灾探测器进行线路连接
		2-1-2 能更换探测器	（1）对火灾探测器进行拆装 （2）对火灾探测器进行读码与编码 （3）对火灾探测器进行功能测试
	2-2 测控模块维护	2-2-1 能检查测控模块接线	（1）测试测控模块的功能 （2）对测控模块进行线路连接
		2-2-2 能更换测控模块	（1）对测控模块进行拆装 （2）对测控模块进行读码与编码 （3）对测控模块进行功能测试
	2-3 消防应急照明及疏散指示标志的维护	2-3-1 能检查消防应急照明及疏散指示标志接线	（1）对消防应急照明及疏散指示标志进行功能测试 （2）对消防应急照明及疏散指示标志进行线路连接
		2-3-2 能更换消防应急照明及疏散指示标志	（1）通过总线式消防联动控制器切断非消防电源 （2）测试消防应急照明灯具的照度、持续照明时间和应急转换功能 （3）更换消防应急灯具 （4）保养消防应急照明及疏散指示标志
3.网络和通信系统管理与维护	3-1 交换机网络连接	3-1-1 能检查小型交换机功能	（1）检查交换机端口管理功能 （2）检查交换机数据处理功能
		3-1-2 能连接小型交换机	（1）区分交换机端口类型 （2）连接计算机和交换机 （3）连接交换机和交换机

续表

职业功能模块	培训内容	技能目标	培训细目
3. 网络和通信系统管理与维护	3-2 有线电视用户分配网的维护	3-2-1 能维护有线电视用户分配网的线路、器材	（1）维护有线电视用户分配网的线路 （2）维护有线电视用户分配网的器材
		3-2-2 能更换有线电视用户分配网的线路、器材	（1）更换有线电视用户分配网的线路 （2）更换有线电视用户分配网的器材
4. 建筑设备监控系统管理与维护	4-1 传感器和执行器的维护与更换	4-1-1 能维护传感器、阀门、执行器	（1）维护传感器 （2）维护阀门 （3）维护执行器
		4-1-2 能更换传感器、阀门、执行器	（1）更换传感器 （2）更换阀门 （3）更换执行器
	4-2 现场控制器的维护与更换	4-2-1 能维护现场控制器	（1）维护直接数字控制器 （2）维护可编程控制器
		4-2-2 能更换现场控制器	（1）更换直接数字控制器 （2）更换可编程控制器
	4-3 中央控制站的运行管理	4-3-1 能操作中央控制站	操作中央控制站
		4-3-2 能处理中央控制站的信息	识读中央控制站运行界面
5. 安全防范系统管理与维护	5-1 视频监控系统前端设备及传输系统的维护与更换	5-1-1 能维护和更换视频监控的前端设备	（1）认知视频监控系统前端设备 （2）维护和更换视频监控前端设备
		5-1-2 能检查和更换视频监控传输线路	（1）认知视频监控传输系统设备 （2）维护视频监控传输线路 （3）更换视频监控系统线路

续表

职业功能模块	培训内容	技能目标	培训细目
5.安全防范系统管理与维护	5-2 入侵报警系统前端设备及传输系统的维护与更换	5-2-1 能维护和更换入侵报警系统部件	（1）认知常见入侵探测器 （2）维护入侵报警系统前端设备 （3）更换入侵报警系统前端设备
		5-2-2 能检查和更换入侵报警系统传输线路	（1）认知入侵报警系统信号传输模式 （2）维护入侵报警系统传输线路 （3）更换入侵报警系统传输线路
	5-3 门禁管理系统用户端设备的维护与更换	5-3-1 能维护和更换门禁系统部件及线路	（1）认知门禁管理系统用户端设备 （2）维护门禁管理系统用户端设备 （3）更换门禁管理系统用户端设备 （4）认知门禁管理系统的信号传输模式 （5）维护门禁管理系统传输线路 （6）更换门禁管理系统传输线路
		5-3-2 能维护和更换可视对讲系统部件及线路	（1）认知可视对讲系统用户端设备 （2）维护可视对讲系统用户端设备 （3）更换可视对讲系统用户端设备 （4）维护可视对讲系统传输线路 （5）更换可视对讲系统传输线路
6.会议、广播和多媒体显示系统管理与维护	6-1 会议系统运行与维护	6-1-1 能连接会议系统线路	（1）认知数字会议系统组成 （2）认知模拟会议系统组成 （3）会议系统有线连接 （4）会议系统无线连接
		6-1-2 能维护会议系统	（1）会议系统基本校验与配置 （2）会议系统运行操作 （3）会议系统硬件设备维护 （4）会议系统软件维护 （5）会议系统网络维护

续表

职业功能模块	培训内容	技能目标	培训细目
6.会议、广播和多媒体显示系统管理与维护	6-2 广播系统运行与维护	6-2-1 能连接广播系统线路	（1）认知广播系统分类与组成 （2）模拟广播系统连接 （3）数字IP网络广播系统连接
		6-2-2 能维护广播系统	（1）广播系统校验与配置 （2）广播系统运行操作 （3）广播系统硬件设备的基本维护 （4）广播系统软件系统的维护 （5）广播系统传输线路的维护
	6-3 多媒体显示系统运行与维护	6-3-1 能连接多媒体显示系统线路	（1）认知多媒体显示系统组成 （2）连接B/S结构多媒体显示系统线路 （3）连接C/S结构多媒体显示系统线路 （4）连接单机型多媒体显示系统线路 （5）连接复合型多媒体显示系统线路
		6-3-2 能维护多媒体显示系统	（1）认知多媒体显示系统配置 （2）维护多媒体显示系统

2.1.3 三级/高级职业技能培训要求

职业功能模块	培训内容	技能目标	培训细目
1.综合布线系统管理与维护	1-1 光纤处理	1-1-1 能进行光纤的熔接	熔接光纤
		1-1-2 能制作光纤的跳线	制作光纤跳线
	1-2 连通性能测试	1-2-1 能测试铜缆连通性能	测试铜缆布线系统的性能
		1-2-2 能测试光纤连通性能	测试光纤布线系统的性能
		1-2-3 能识读测试记录	识读测试记录

续表

职业功能模块	培训内容	技能目标	培训细目
2.火灾自动报警及消防联动控制系统检修与保养	2-1 探测器检修	2-1-1 能识别探测器故障	(1) 识读火灾探测器故障报警信息 (2) 对火灾探测器进行检测及故障分析 (3) 对火灾探测器故障地址码进行整定
		2-1-2 能检修探测器连接线路	(1) 区别不同功能的线路 (2) 修复与敷设火灾探测器的线路
	2-2 测控模块检修	2-2-1 能识别测控模块故障	对测控模块进行故障分析
		2-2-2 能检修测控模块连接线路	(1) 检修测控模块的连接线路 (2) 修复与敷设测控模块的线路
	2-3 消防设备设施巡查	2-3-1 能巡查消防设备设施状态	(1) 对消防设施设备进行巡检 (2) 处理报警信息
		2-3-2 能检测消防联动功能	(1) 检测消防联动功能 (2) 连接测控模块与联动设备
3.网络和通信系统管理与维护	3-1 计算机网络组网	3-1-1 能选择网络设备	(1) 选择网络交换机 (2) 选择网络路由器 (3) 选择无线网络设备 (4) 选择网络安全设备
		3-1-2 能组建计算机网络	(1) 规划设计有线网络 (2) 组建有线网络配置有线设备 (3) 规划设计无线网络 (4) 组建无线网络配置天线设备
	3-2 有线电视用户分配网测试和管理	3-2-1 能测试有线电视用户分配网性能	(1) 规划并设计有线电视用户分配网 (2) 测试有线电视用户分配网
		3-2-2 能检修有线电视用户分配网	检修有线电视用户分配网
4.建筑设备监控系统管理与维护	4-1 传感器和执行器测试与检修	4-1-1 能测试传感器、阀门、执行器功能	(1) 测试传感器功能 (2) 测试阀门功能 (3) 测试执行器功能
		4-1-2 能检修传感器、阀门、执行器常见故障	(1) 检修传感器常见故障 (2) 检修阀门常见故障 (3) 检修执行器常见故障

续表

职业功能模块	培训内容	技能目标	培训细目
4.建筑设备监控系统管理与维护	4-2 现场控制器测试与检修	4-2-1 能测试现场控制器功能	（1）测试直接数字控制器功能 （2）测试可编程控制器功能
		4-2-2 能检修现场控制器常见故障	（1）检修直接数字控制器常见故障 （2）检修可编程控制器常见故障
5.安全防范系统管理与维护	5-1 视频监控系统测试与检修	5-1-1 能测试视频监控系统设备功能	（1）认知视频监控系统显示设备 （2）认知视频信号处理设备 （3）认知视频记录设备 （4）测试视频监控系统设备功能
		5-1-2 能检修视频监控传输线路	（1）认知视频监控系统线路常见故障 （2）检修视频监控传输线路
	5-2 入侵报警系统测试与检修	5-2-1 能测试入侵报警系统设备功能	（1）认知入侵报警控制器 （2）测试入侵报警控制器功能
		5-2-2 能测试入侵报警联动功能	测试入侵报警联动功能
		5-2-3 能检修入侵报警传输线路	（1）认知入侵报警系统线路常见故障 （2）检修入侵报警系统传输线路
	5-3 门禁系统测试与检修	5-3-1 能测试门禁系统设备功能	（1）认知门禁控制器 （2）测试门禁控制器功能
		5-3-2 能检修门禁系统传输线路	（1）测试门禁系统联动功能 （2）认知门禁系统线路常见故障 （3）检修门禁系统传输线路
		5-3-3 能调试和检修可视对讲系统	（1）认知管理机的功能及应用 （2）认知楼层分配器的功能及应用 （3）认知联网控制器的功能及应用 （4）认知可视对讲系统线路常见故障 （5）检修可视对讲系统传输线路
	5-4 停车场管理系统维护	5-4-1 能维护停车场管理系统检测设备	（1）认知停车场管理系统 （2）维护停车场管理系统检测设备
		5-4-2 能维护停车场管理系统控制设备	维护停车场管理系统控制设备

续表

职业功能模块	培训内容	技能目标	培训细目
6. 会议、广播和多媒体显示系统管理与维护	6-1 会议系统测试与检修	6-1-1 能测试会议系统功能	（1）认知会议系统基本设备工作性能及特点 （2）测试会议系统性能并记录
		6-1-2 能检修会议系统故障	（1）认知会议系统常见故障 （2）检修会议系统故障
	6-2 广播系统测试与检修	6-2-1 能测试广播系统功能	（1）认知广播系统基本设备性能及特点 （2）测试广播系统性能并记录
		6-2-2 能检修广播系统故障	（1）认知广播系统常见故障 （2）检修广播系统故障
	6-3 多媒体显示系统测试与检修	6-3-1 能测试多媒体显示系统功能	（1）认知多媒体显示系统设备性能及特点 （2）测试多媒体显示系统性能
		6-3-2 能检修多媒体显示系统故障	（1）认知多媒体显示系统常见故障 （2）检修多媒体显示系统故障

2.1.4　二级/技师职业技能培训要求

职业功能模块	培训内容	技能目标	培训细目
1. 综合布线系统管理与维护	1-1 综合布线系统接管	1-1-1 能接管综合布线系统	接管综合布线系统
		1-1-2 能接收系统技术资料	接收系统技术资料
	1-2 综合布线系统升级改造	1-2-1 能制定铜缆系统升级改造方案	制定铜缆系统升级改造方案
		1-2-2 能制定光缆系统升级改造方案	制定光缆系统升级改造方案
2. 火灾自动报警及消防联动控制系统管理与维护	2-1 火灾报警主机功能核查	2-1-1 能测试火灾报警主机功能	（1）测试供电、显示功能 （2）测试故障报警功能 （3）测试火灾报警优先功能 （4）测试屏蔽、消音、复位功能 （5）测试报警记忆功能
		2-1-2 能设置火灾报警主机参数	（1）设置火灾报警主机的系统参数 （2）检查用户、设备的注册信息

续表

职业功能模块	培训内容	技能目标	培训细目
2. 火灾自动报警及消防联动控制系统管理与维护	2-2 消防联动控制系统检查	2-2-1 能测试消防联动控制系统功能	测试消防联动的功能
		2-2-2 能排查消防联动控制系统故障	（1）排查消防联动控制系统常见故障 （2）排查消防联动控制系统重大故障
	2-3 火灾报警主机远程接口功能核查	2-3-1 能配置火灾报警主机接口	选配网络接口卡和转换模块
		2-3-2 能测试火灾报警主机接口功能	（1）检测通信网络 （2）测试火灾报警主机网络接口卡 （3）测试网络接口卡通信协议
3. 网络和通信系统管理与维护	3-1 计算机网络测试与维护	3-1-1 能远程管理局域网	（1）组建局域网 （2）远程管理局域网
		3-1-2 能诊断局域网故障	（1）认知网络故障及其分类 （2）使用网络检测工具 （3）诊断网络线路故障 （4）诊断网络设备故障
	3-2 卫星电视天线管理与维护	3-2-1 能维护与更换卫星电视天线	（1）维护卫星电视天线 （2）更换卫星电视天线
		3-2-2 能校正卫星电视天线位置	（1）天线安装位置选择 （2）调试卫星电视天线
4. 建筑设备监控系统管理与维护	4-1 现场控制器编程与调试	4-1-1 能编写现场控制器的用户程序	（1）编写直接数字控制器用户程序 （2）编写可编程控制器用户程序
		4-1-2 能调试现场控制器的用户程序	（1）调试直接数字控制器用户程序 （2）调试可编程控制器用户程序
	4-2 建筑设备监控系统组态与调试	4-2-1 能对建筑设备监控系统进行组态	建筑设备监控系统组态
		4-2-2 能对建筑设备监控系统进行调试	建筑设备监控系统调试
5. 安全防范系统管理与维护	5-1 视频监控系统设备配置	5-1-1 能设置视频存储器	视频存储器设置
		5-1-2 能设置视频服务器	视频服务器设置

续表

职业功能模块	培训内容	技能目标	培训细目
5. 安全防范系统管理与维护	5-2 入侵报警系统主机配置	5-2-1 能设置入侵报警主机	入侵报警控制器的编程
		5-2-2 能调试入侵报警系统	入侵报警系统管理软件应用
	5-3 门禁系统配置与管理	5-3-1 能配置门禁系统	门禁系统控制器的编程
		5-3-2 能管理门禁系统	门禁系统管理软件及应用
6. 培训与管理	6-1 培训	6-1-1 能制订培训计划	编写培训计划
		6-1-2 能对三级/高级工及以下级别人员实施培训	（1）常用教学法的使用 （2）课堂教学的组织 （3）对三级/高级工及以下级别人员实施培训和指导
	6-2 管理	6-2-1 能编制设备维修计划	编制设备维修计划
		6-2-2 能制定设备管理台账	制定设备管理台账

2.1.5 一级/高级技师职业技能培训要求

职业功能模块	培训内容	技能目标	培训细目
1. 网络和通信系统管理与维护	1-1 网络安全管理	1-1-1 能编制网络安全管理方案	（1）分析网络安全管理要求 （2）编制网络安全管理方案
		1-1-2 能配置网络安全管理软件	（1）选择网络安全管理软件 （2）配置网络安全管理软件
	1-2 虚拟专用网络（VPN）管理	1-2-1 能编制虚拟专用网络（VPN）实施方案	（1）规划 VPN 网络 （2）编制 VPN 实施方案
		1-2-2 能配置虚拟专用网络（VPN）	（1）部署 VPN 的节点 （2）测试 VPN 网络
2. 建筑设备监控系统管理与维护	2-1 建筑设备节能方案制定与评估	2-1-1 能制定建筑设备节能运行方案	（1）制定空调系统节能运行方案 （2）制定给排水系统节能运行方案 （3）制定照明系统节能运行方案

续表

职业功能模块	培训内容	技能目标	培训细目
2. 建筑设备监控系统管理与维护	2-1 建筑设备节能方案制定与评估	2-1-2 能制定建筑设备节能改造方案	（1）制定空调设备节能改造方案 （2）制定给排水设备节能改造方案 （3）制定照明系统及灯具节能改造方案
		2-1-3 能对建筑设备进行能耗分析	（1）建筑设备能耗分析 （2）建筑设备能效评估
	2-2 系统集成与云平台管理	2-2-1 能制定智能楼宇系统集成方案	智能楼宇系统集成方案设计
		2-2-2 能管理建筑群云平台	（1）建筑群云平台的运行管理 （2）建筑群云平台的后台管理
3. 安全防范系统优化	3-1 安全防范系统联动优化	3-1-1 能制定安全防范系统联动方案	制定安全防范系统联动方案
		3-1-2 能配置安全防范系统	配置安全防范系统
	3-2 安全防范系统集成优化	3-2-1 能制定安全防范系统提升改造方案	制定安全防范系统提升改造方案
		3-2-2 能优化安全防范系统集成方案	优化安全防范系统集成方案
4. 培训与管理	4-1 培训	4-1-1 能对二级/技师及以下级别人员进行理论培训	（1）指导二级/技师编写理论培训计划 （2）对低级别人员进行理论培训
		4-1-2 能对二级/技师及以下级别人员进行技能操作指导	（1）指导低级别人员使用设备、工具及仪表 （2）对低级别人员进行技能操作指导
	4-2 管理	4-2-1 能对智能楼宇管理人员进行技术能力评估	（1）对智能楼宇管理人员进行技术水平测评 （2）对智能楼宇管理人员进行操作能力评估
		4-2-2 能制定智能楼宇管理人员业务提升规划	（1）制定智能楼宇管理人员知识水平提升规划 （2）制定智能楼宇管理人员操作能力提升规划

2.2 课程规范

2.2.1 职业基本素质培训课程规范

模块	课程	学习单元	课程内容	培训建议	课堂学时
1.职业认知与职业道德	1-1 职业认知	职业认知	1）建筑智能化的认知 2）智能楼宇管理员职业认知	（1）方法：讲授法 （2）重点与难点：智能楼宇管理员工作内容	1
	1-2 职业道德基本知识	职业道德基本知识	1）道德与职业道德的概念 ①道德的概念 ②职业道德的概念 2）职业道德社会作用及表现形式 ①职业道德社会作用 ②职业道德表现形式 3）智能楼宇管理员职业道德规范	（1）方法：讲授法 （2）重点与难点：职业道德的社会作用及表现形式	2
	1-3 职业守则	职业守则	1）认真严谨，忠于职守 2）勤奋好学，不耻下问 3）钻研业务，勇于创新 4）爱岗敬业，遵纪守法 5）工匠精神，敬业精神	（1）方法：讲授法、讨论法 （2）重点与难点：智能楼宇管理员职业守则	1
2.智能楼宇基础知识	2-1 智能楼宇系统概述	智能楼宇系统概述	1）智能楼宇基本概述 ①智能楼宇基本概念 ②智能楼宇发展历程 2）智能楼宇功能特点 ①智能楼宇主要功能 ②智能楼宇主要特点 3）智能楼宇系统集成 ①楼宇自动化系统 ②办公自动化系统 ③通信自动化系统	（1）方法：讲授法、演示法 （2）重点与难点：智能楼宇系统集成	4

续表

模块	课程	学习单元	课程内容	培训建议	课堂学时
2. 智能楼宇基础知识	2-1 智能楼宇系统概述	智能楼宇系统概述	4）智能建筑技术要求 ①智能建筑基本要素 ②智能建筑基本要求 ③智能建筑技术基础 5）智能楼宇典型应用 ①智慧消防应用系统 ②建筑智能化应用系统 ③智能车库应用系统		
	2-2 智能社区系统概述	智能社区系统概述	1）智能社区基本概述 ①智能社区基本概念 ②智能社区基本组成 ③智能社区基本要求 2）智能社区功能特点 ①智能社区主要功能 ②智能社区主要特点 3）智能社区典型应用 ①智能家居应用系统 ②社区安防应用系统 ③智能物业管理系统	（1）方法：讲授法、演示法 （2）重点与难点：智能社区典型应用	2
	2-3 楼宇自动控制知识	楼宇自动控制知识	1）自动控制系统 ①自动控制系统的概念 ②自动控制系统的组成 ③自动控制系统的分类 2）经典控制理论 ①线性控制理论 ②非线性控制理论 ③采样控制理论 3）现代控制理论 ①线性系统理论 ②非线性系统理论 ③最优控制理论 ④随机控制理论 ⑤自适应控制理论 4）人工智能技术 ①人工智能的概念 ②智能机器人技术 ③智能制造技术 ④智能控制技术 ⑤大数据物联网技术	（1）方法：讲授法、演示法 （2）重点与难点：人工智能技术	4

续表

模块	课程	学习单元	课程内容	培训建议	课堂学时
2.智能楼宇基础知识	2-4 绿色建筑基本知识	绿色建筑基本知识	1）绿色建筑基本概述 ①绿色建筑的概念 ②绿色建筑基本组成 2）建筑节能技术 ①建筑节能的意义 ②装配式建筑的概念 ③被动式建筑的概念 3）新能源技术在建筑中的应用 ①太阳能在建筑中的应用 ②热源地泵在建筑中的应用	（1）方法：讲授法、演示法 （2）重点与难点：新能源技术在建筑中的应用	4
3.电气基础	3-1 电工电子基础	（1）直流电路	1）电路的基本概念 2）电路的基本物理量 3）直流电路的基本元件 4）直流电路分析法	（1）方法：讲授法、演示法 （2）重点与难点：直流电路的分析方法	2
		（2）正弦交流电路	1）正弦交流电路的基本概念 2）单相交流电路 3）三相交流电路	（1）方法：讲授法、演示法 （2）重点与难点：三相交流电路	1
		（3）常用半导体器件及稳压电源电路	1）晶体二极管 2）晶体三极管 3）滤波电路 4）整流与稳压电路	（1）方法：讲授法、演示法 （2）重点与难点：滤波电路、整流与稳压电路	2
		（4）数字电路基础	1）数制与码制 2）门电路 3）集成触发器	（1）方法：讲授法、演示法 （2）重点与难点：门电路与集成触发器	1
	3-2 电气控制基础	（1）常用低压电器元件	1）交流接触器 2）低压断路器 3）漏电保护断路器 4）低压熔断器 5）电压互感器 6）电流互感器 7）零序电流互感器 8）主令电器	（1）方法：讲授法、演示法 （2）重点与难点：交流接触器、低压断路器、漏电保护断路器	2

续表

模块	课程	学习单元	课程内容	培训建议	课堂学时
3. 电气基础	3-2 电气控制基础	（2）典型电气控制电路	1）三相异步电动机直接启动控制电路 2）三相异步电动机正、反转控制电路 3）三相异步电动机软启动控制	（1）方法：讲授法、演示法 （2）重点与难点：三相异步电动机正、反转控制电路	2
	3-3 供配电基础	（1）电力系统的基本概念	1）电力系统的基本概念及组成 2）电力系统的电压等级	（1）方法：讲授法 （2）重点与难点：电力系统的基本概念	1
		（2）电力负荷的分级	1）一级负荷 2）二级负荷 3）三级负荷	（1）方法：讲授法 （2）重点与难点：负荷的分级	1
		（3）低压配电系统接地的方式	1）TN 系统 2）TT 系统 3）IT 系统	（1）方法：讲授法 （2）重点与难点：低压配电系统接地的方式	1
4. 建筑机电设备基础	4-1 给排水设备基本原理	（1）给水设备基本原理	1）给水系统的基本功能 2）生活给水系统工作原理 3）给水系统的主要设备	（1）方法：讲授法 （2）重点与难点：给水系统的基本功能、工作原理及主要设备	1
		（2）排水设备基本原理	1）排水系统的基本功能 2）排水系统工作原理 3）排水系统的主要设备	（1）方法：讲授法 （2）重点与难点：排水系统的基本功能、工作原理及主要设备	1
	4-2 通风与空调设备基本原理	通风与空调设备基本原理	1）通风与空调的基本知识 ①空调的基本功能 ②湿空气的物理性质 ③空气调节原理 2）中央空调系统组成 ①冷热源系统 ②空气处理系统 ③空气输送及分配系统 ④控制系统	（1）方法：讲授法、演示法 （2）重点与难点：中央空调系统组成	4

续表

模块	课程	学习单元	课程内容	培训建议	课堂学时
4.建筑机电设备基础	4-3 建筑电气设备基本原理	（1）电梯系统基本知识	1）电梯系统的基本概念 2）电梯系统的原理 3）电梯系统的基本结构	（1）方法：讲授法、演示法 （2）重点与难点：电梯系统的概念、工作原理及主要设备	4
		（2）供配电系统基本知识	1）供配电系统基本概念 2）供配电系统组成	（1）方法：讲授法、演示法 （2）重点与难点：供配电系统的概念及主要设备	2
		（3）照明系统基本知识	1）照明系统基本概念 2）建筑照明设备 3）照明控制	（1）方法：讲授法、演示法 （2）重点与难点：照明系统的概念、主要设备及控制方式	2
5.电气安全基础	5-1 安全用电	（1）安全用电基本知识	1）触电的种类 2）触电的主要形式 3）电气安全指标 4）触电的急救措施 5）防止触电的主要措施	（1）方法：讲授法、演示法 （2）重点与难点：防止触电的主要措施	2
		（2）设备的安全用电	1）电气设备及线路的电气绝缘 2）屏护及安全距离 3）安全用电的标识及防护用具	（1）方法：讲授法、演示法 （2）重点与难点：电气设备及线路的电气绝缘	2
		（3）建筑的安全用电	1）建筑低压配电系统 2）建筑安全用电的工作制度 3）建筑安全用电的管理措施	（1）方法：讲授法、演示法 （2）重点与难点：建筑低压配电系统	2
	5-2 防雷与接地	（1）防雷的基本知识	1）雷电及防雷装置 2）建筑物的防雷分类 3）建筑物的防雷措施 4）电涌保护器（SPD）	（1）方法：讲授法、演示法 （2）重点与难点：建筑物的防雷措施	2
		（2）接地的基本知识	1）接地分类 2）接地保护 3）等电位联结	（1）方法：讲授法、演示法 （2）重点与难点：等电位联结	2

续表

模块	课程	学习单元	课程内容	培训建议	课堂学时
6. 计算机应用基础	6-1 计算机操作系统知识	计算机操作系统知识	1）计算机概述 ①计算机的发展 ②计算机的特点和分类 2）计算机系统组成 ①计算机硬件系统 ②计算机软件系统 ③计算机的工作原理 ④计算机系统的配置与性能指标 3）计算机安全使用常识 ①计算机病毒概念及特征 ②计算机病毒的分类 ③计算机病毒的防范 4）大数据概述 5）云计算概述 6）人工智能概述	（1）方法：讲授法 （2）重点与难点：计算机系统组成	2
	6-2 常用计算机操作系统	常用计算机操作系统	1）Windows7 操作系统 ①Windows7 的运行环境 ②Windows7 的基本操作 ③Windows7 的资源管理 ④Windows7 的控制面板 2）Windows10 操作系统 ①Windows10 的运行环境 ②Windows10 的基本操作 ③Windows10 的资源管理 ④Windows10 的控制面板	（1）方法：讲授法、演示法 （2）重点与难点：Windows7、Windows10 基本操作	2
	6-3 计算机网络与通信	计算机网络与通信	1）计算机网络概述 ①计算机网络的发展 ②计算机网络的定义和分类 ③计算机网络的组成 2）Internet 基础 ①Internet 发展概况 ②TCP/IP 协议 ③IP 地址与域名服务 ④Internet 的连接	（1）方法：讲授法、演示法 （2）重点与难点：计算机网络连接方法	3

模块	课程	学习单元	课程内容	培训建议	课堂学时
7.相关法律、法规知识	相关法律、法规知识	相关法律、法规知识	1)《中华人民共和国劳动合同法》	（1）方法：讲授法、案例教学法 （2）重点与难点：中华人民共和国节约能源法	1
			2)《中华人民共和国节约能源法》		
			3)《中华人民共和国合同法》		
			4)《中华人民共和国建筑法》		
课堂学时合计					63

2.2.2 四级／中级职业技能培训课程规范

模块	课程	学习单元	课程内容	培训建议	课堂学时
1.综合布线系统管理与维护	1-1 接续设备更换	（1）综合布线系统的基础知识	1）综合布线系统的结构	（1）方法：讲授法、演示法、实训（练习）法 （2）重点与难点：配线架的更换	1
			2）综合布线铜缆系统的主要器材		
		（2）配线架的更换	1）110配线架的更换方法		1
			2）模块配线架的更换方法		
		（3）信息模块的更换	信息模块的更换方法		2
	1-2 缆线端接	（1）综合布线系统的图例符号	综合布线系统的图例符号	（1）方法：讲授法、演示法、实训（练习）法 （2）重点与难点：铜缆的端接	2
		（2）铜缆的端接	1）铜缆的端接工具		2
			2）铜缆的端接方法		
	1-3 跳线连接	（1）铜缆跳线的制作	1）线序标准	（1）方法：讲授法、演示法、实训（练习）法 （2）重点：线序标准 （3）难点：RJ45跳线的制作方法	1
			2）RJ45跳线的制作方法		
		（2）铜缆跳线的跳接管理	跳线的管理方法		1

续表

模块	课程	学习单元	课程内容	培训建议	课堂学时
2. 火灾自动报警及消防联动控制系统管理与维护	2-1 探测器维护	(1) 火灾自动报警系统基本知识	1) 火灾自动报警系统的基本概念 2) 火灾自动报警系统的组成及分类 3) 火灾自动报警系统工程识图	(1) 方法：讲授法 (2) 重点与难点：火灾自动报警系统工程识图	2
		(2) 火灾探测器的功能与分类	1) 火灾探测器的分类及符号表示 2) 常用火灾探测器功能及原理 ①感烟火灾探测器 ②感温火灾探测器 ③感光火灾探测器 ④可燃气体探测器 ⑤复合火灾探测器	(1) 方法：讲授法、案例教学法 (2) 重点与难点：常用火灾探测器功能及原理	4
		(3) 火灾探测器线路连接方式	1) 火灾探测器的线制 2) 火灾探测器的接线及要求 3) 电子编码器的使用	(1) 方法：讲授法、案例教学法 (2) 重点与难点：火灾探测器的接线及要求	2
		(4) 常用火灾探测器的检测方法	1) 感烟火灾探测器的检测 2) 感温火灾探测器的检测 3) 烟温复合火灾探测器的检测 4) 可燃气体探测器的检测	(1) 方法：讲授法、演示法、案例教学法 (2) 重点与难点：感烟火灾探测器的检测	2
		(5) 火灾探测器的更换	1) 火灾探测器的拆装方法 2) 火灾探测器的拆装要求 3) 火灾探测器的读码与编码 4) 火灾探测器的更换注意事项	(1) 方法：讲授法、演示法 (2) 重点与难点：火灾探测器的更换注意事项	2

续表

模块	课程	学习单元	课程内容	培训建议	课堂学时
2. 火灾自动报警及消防联动控制系统管理与维护	2-2 测控模块维护	（1）测控模块的功能及工作原理	1）火灾报警按钮的功能及原理 ①手动火灾报警按钮 ②消火栓按钮 2）常用测控模块的功能及原理 ①隔离模块 ②输入模块 ③输出模块 ④输入/输出模块 3）其他测控模块的功能及原理 ①电话模块 ②广播模块 ③讯响器	（1）方法：讲授法、演示法 （2）重点与难点：常用测控模块的功能及原理	4
		（2）测控模块的线路连接方式	1）手动火灾报警按钮的线路连接方式 2）消火栓按钮的线路连接方式 3）总线隔离器的线路连接方式 4）输入/输出模块的线路连接方式	（1）方法：讲授法、演示法 （2）重点与难点：总线隔离器的线路连接方式	2
		（3）常用测控模块的检测方法	1）手动火灾报警按钮的检测方法 2）消火栓按钮的检测方法 3）总线隔离器的检测方法 4）输入/输出模块的检测方法	（1）方法：讲授法、案例教学法 （2）重点与难点：总线隔离器的检测方法	2
		（4）测控模块更换注意事项	1）测控模块的拆装方法 2）测控模块的拆装要求 3）测控模块的读码与编码 4）测控模块的更换注意事项	（1）方法：讲授法、案例教学法 （2）重点与难点：测控模块更换注意事项	2

续表

模块	课程	学习单元	课程内容	培训建议	课堂学时
2. 火灾自动报警及消防联动控制系统管理与维护	2-3 消防应急照明及疏散指示标志的维护	（1）消防应急照明及疏散指示标志的功能及分类	1）消防应急照明及疏散指示标志的功能 2）消防应急照明及疏散指示标志的分类	（1）方法：讲授法、演示法 （2）重点与难点：消防应急照明及疏散指示标志的功能	2
		（2）消防应急照明及疏散指示标志的线路连接方式	1）消防应急照明的线路连接方式 2）疏散指示标志的线路连接方式	（1）方法：讲授法、演示法 （2）重点与难点：消防应急照明的线路连接方式	2
		（3）消防应急照明及疏散指示标志的测试	1）消防应急照明的总线连接方式 2）消防应急照明及疏散指示标志的测试方法 3）消防应急照明灯具的照度、持续照明时间和应急转换的功能要求	（1）方法：讲授法、演示法 （2）重点与难点：消防应急照明灯具的照度、持续照明时间和应急转换的功能要求	2
		（4）消防应急照明及疏散指示标志的维修、保养方法	1）消防应急照明及疏散指示标志的常见故障 2）消防应急照明及疏散指示标志的维修、更换、保养方法	（1）方法：讲授法、演示法 （2）重点与难点：消防应急照明及疏散指示标志的常见故障	2
3. 网络和通信系统管理与维护	3-1 交换机网络连接	（1）交换机基本知识	1）交换机概述 ①交换机定义 ②交换机的工作特点 2）交换机的分类 ①根据网络覆盖范围 ②根据传输速度 ③根据应用网络层次 ④根据工作协议层 ⑤根据能否网管 3）交换机的性能指标 ①传输速率 ②应用层级 ③背板带宽 ④包转发率 ⑤端口结构 ⑥MAC地址表	（1）方法：讲授法 （2）重点与难点：交换机的性能指标	2

续表

模块	课程	学习单元	课程内容	培训建议	课堂学时
3. 网络和通信系统管理与维护	3-1 交换机网络连接	（2）交换机的工作原理及功能	1）网络数据格式 2）MAC 地址表项 3）网络数据转发 4）交换机端口管理功能 5）交换机数据处理功能	（1）方法：讲授法 （2）重点与难点：网络数据转发	4
		（3）交换机接口类型	1）RJ45 接口 2）光纤接口 3）CONSOLE 接口	（1）方法：讲授法、实训（练习）法 （2）重点与难点：交换机端口模式	1
		（4）交换机端口模式	1）ACCESS 模式 2）TRUNK 模式 3）HYBIRD 模式		1
		（5）交换机的连接	1）交换机级联 2）交换机堆叠		2
	3-2 有线电视用户分配网的维护	（1）有线电视用户分配网的线路、器材维护	1）有线电视用户分配网的概念及维护方法 2）同轴电缆、常用器件的规格、类别及功能	（1）方法：讲授法、实训（练习）法 （2）重点与难点：有线电视用户分配网拆装	1
		（2）有线电视用户分配网的线路、器材更换	有线电视用户分配网拆装注意事项		1
4. 建筑设备监控系统管理与维护	4-1 传感器和执行器的维护与更换	（1）传感器的维护	1）传感器的概念和分类 2）传感器的常用维护方法	（1）方法：讲授法、演示法 （2）重点与难点：传感器的维护方法	1
		（2）阀门的维护	1）阀门的概念和分类 2）阀门的常用维护方法		1
		（3）执行器的维护	1）执行器的概念和控制方式 2）执行器的常用维护方法		2

续表

模块	课程	学习单元	课程内容	培训建议	课堂学时
4. 建筑设备监控系统管理与维护	4-1 传感器和执行器的维护与更换	（4）传感器的更换	1）传感器的拆装方法	（1）方法：讲授法、演示法 （2）重点与难点：传感器的更换方法	1
			2）传感器的更换注意事项		
		（5）阀门的更换	1）阀门的拆装方法		1
			2）阀门的更换注意事项		
		（6）执行器的更换	1）执行器的拆装方法		2
			2）执行器的更换注意事项		
	4-2 现场控制器的维护与更换	（1）直接数字控制器的维护	1）楼宇自动控制系统简介	（1）方法：讲授法、演示法 （2）重点与难点：现场控制器的维护方法	4
			2）直接数字控制器基本概述		
			3）直接数字控制器的硬件结构		
			4）直接数字控制器的工作原理		
			5）直接数字控制器的维护		
		（2）可编程控制器的维护	1）可编程控制器的基本概述		4
			2）可编程控制器的硬件结构		
			3）可编程控制器的工作原理		
			4）可编程控制器的维护		
		（3）直接数字控制器的更换	1）直接数字控制器的安装	（1）方法：讲授法、演示法 （2）重点与难点：现场控制器的更换方法	2
			2）直接数字控制器的更换注意事项		
			3）直接数字控制器的检查和测控		
		（4）可编程控制器的更换	1）可编程控制器的安装		2
			2）可编程控制器的更换注意事项		
			3）可编程控制器的检查和测控		

续表

模块	课程	学习单元	课程内容	培训建议	课堂学时
4.建筑设备监控系统管理与维护	4-3 中央控制站的运行管理	（1）中央控制站的基本操作	1）运行系统的登录和退出 2）运行界面的操作 3）运行界面的参数设置 4）运行值班记录的填写	（1）方法：讲授法、演示法 （2）重点与难点：中央控制站的操作方法	2
		（2）中央控制站的运行界面识读	1）运行界面图标介绍 2）运行界面的识读与处理	（1）方法：讲授法、演示法 （2）重点与难点：中央控制站的界面识读方法	2
5.安全防范系统管理与维护	5-1 视频监控系统前端设备及传输系统的维护与更换	（1）视频监控系统基本知识	1）视频监控系统基本知识 ①视频监控系统组成 ②视频监控系统的性能和参数 ③视频监控系统图例符号 2）视频监控系统前端设备认知 ①摄像机 ②云台 ③防护罩与支架 ④解码器	（1）方法：讲授法、演示法 （2）重点与难点：视频监控系统前端设备及其维护和更换方法	2
		（2）视频监控前端设备的维护和更换	1）摄像机的维护和更换 2）云台的维护和更换 3）防护罩与支架的维护和更换 4）解码器的维护和更换		2
		（3）视频监控传输设备及其线路的维护和更换	1）视频监控传输系统设备 ①信号传输基本原理 ②传输接口 ③传输线缆 ④无线传输 2）视频监控系统传输线路常用连接方法 3）视频监控系统传输线路的日常维护 4）视频监控系统传输线路的更换	（1）方法：讲授法、演示法 （2）重点与难点：视频监控系统传输线路的维护和更换方法	4

续表

模块	课程	学习单元	课程内容	培训建议	课堂学时
5.安全防范系统管理与维护	5-2 入侵报警系统前端设备及传输系统的维护与更换	（1）入侵报警系统基本知识	1）入侵报警系统基本知识 ①入侵报警系统组成 ②入侵报警探测器的分类 ③入侵报警探测器性能指标 ④入侵报警系统图例符号 2）常见入侵探测器认知 ①点控制型探测器 ②线控制型探测器 ③面控制型探测器 ④空间控制型探测器	（1）方法：讲授法、演示法 （2）重点与难点：入侵报警探测器及其维护、更换方法	2
		（2）入侵报警系统前端设备的维护及更换	1）入侵报警系统前端设备的维护 2）入侵报警系统前端设备的更换		2
		（3）入侵报警系统传输模式及传输线路的维护和更换	1）入侵报警系统的信号传输模式认知 ①总线制 ②分线制 ③无线制 ④公共网络 2）入侵报警系统传输线路的日常维护 3）入侵报警系统传输线路的更换 4）入侵报警系统拆装注意事项	（1）方法：讲授法、演示法 （2）重点与难点：入侵报警系统传输线路的维护和更换方法	3
	5-3 门禁管理系统用户端设备的维护与更换	（1）门禁管理系统基本知识	1）门禁管理系统基本知识 ①门禁管理系统组成 ②门禁管理系统的分类 ③门禁管理系统的性能和参数 ④门禁管理系统图例符号 2）门禁管理系统用户端设备认知 ①读卡器 ②电子门锁	（1）方法：讲授法、演示法 （2）重点与难点：门禁管理系统用户端设备维护和更换方法、门禁管理系统传输线路维护和更换方法	2

续表

模块	课程	学习单元	课程内容	培训建议	课堂学时
5.安全防范系统管理与维护	5-3 门禁管理系统用户端设备的维护与更换	（2）门禁管理系统用户端设备及传输线路的维护和更换	1）门禁管理系统用户端设备的维护 2）门禁管理系统用户端设备的更换 3）门禁管理系统的信号传输模式 4）门禁管理系统传输线路的日常维护 5）门禁管理系统传输线路的更换		3
		（3）可视对讲系统设备及传输线路的维护和更换	1）可视对讲系统基本知识 ①可视对讲系统组成 ②可视对讲系统的功能 ③可视对讲系统的分类 2）可视对讲系统用户端设备认知 ①门口机 ②室内住户机 3）可视对讲系统用户端设备的维护 4）可视对讲系统用户端设备的更换 5）可视对讲系统传输线路的日常维护 6）可视对讲系统传输线路的连接	（1）方法：讲授法、演示法 （2）重点与难点：可视对讲系统用户端设备维护和更换方法、可视对讲系统传输线路维护和更换方法	4
6.会议、广播和多媒体显示系统管理与维护	6-1 会议系统运行与维护	（1）会议系统分类与组成	1）数字会议系统基本组成 ①数字IP会议系统基本组成 ②多媒体视频会议系统组成 ③同声传译系统组成 2）模拟会议系统基本组成	（1）方法：讲授法 （2）重点与难点：数字会议系统组成	2

续表

模块	课程	学习单元	课程内容	培训建议	课堂学时
6.会议、广播和多媒体显示系统管理与维护	6-1 会议系统运行与维护	（2）会议系统连接	1）会议系统各子系统连接 ①网络子系统的连接 ②发言子系统的连接 ③扩声音响子系统的连接 ④投影显示子系统的连接 ⑤摄录子系统的连接 ⑥灯光子系统的连接 ⑦中央控制子系统的连接	（1）方法：讲授法、案例教学法 （2）重点与难点：会议系统各子系统连接	2
			2）会议系统基本通信模式 ①有线模式 ②无线模式		
		（3）会议系统基本校验与配置及运行操作	1）会议系统基本校验与配置 ①发言子系统校验与配置 ②扩声音响子系统校验与配置 ③投影显示子系统校验与配置 ④摄录子系统校验与配置 ⑤灯光子系统校验与配置 ⑥会议中控子系统配置 ⑦网络子系统配置	（1）方法：讲授法、案例教学法 （2）重点与难点：会议系统配置与运行操作	2
			2）会议系统运行操作 ①发言子系统操作方法 ②扩声音响子系统操作方法 ③投影显示子系统操作方法 ④摄录子系统操作方法 ⑤会议中控子系统操作方法		

续表

模块	课程	学习单元	课程内容	培训建议	课堂学时
6. 会议、广播和多媒体显示系统管理与维护	6-1 会议系统运行与维护	（4）会议系统基本维护	1）会议系统硬件设备基本维护方法 ①会议中控设备基本维护方法（如调音台、功放、麦克风、中控主机等） ②会议其他子系统硬件设备基本维护方法 2）会议系统软件基本维护方法 3）会议系统网络基本维护方法	（1）方法：讲授法、案例教学法 （2）重点与难点：会议系统软硬件的维护	2
	6-2 广播系统运行与维护	（1）广播系统分类与组成	1）模拟广播系统组成 2）数字IP网络广播系统组成 ①网络部分组成 ②硬件部分组成 ③软件部分组成	（1）方法：讲授法 （2）重点与难点：数字IP网络广播系统组成	2
		（2）广播系统连接方式	1）模拟广播系统连接方式 2）数字IP网络广播系统连接方式	（1）方法：讲授法、案例教学法 （2）重点与难点：数字IP网络广播系统连接方式	1
		（3）广播系统校验与配置及运行操作	1）广播系统校验与配置 ①扬声器与功率放大器的校验与配接 ②扬声器校验与配置（功率选型、功率分区、信号分区、逻辑分区等） ③主服务器配置 ④系统软件配置 2）广播系统运行操作 ①公共广播运行操作方法 ②应急广播运行操作方法	（1）方法：讲授法、案例教学法 （2）重点与难点：广播系统校验与配置	2
		（4）广播系统基本维护	1）广播系统硬件设备的基本维护 2）广播系统软件系统的维护 3）广播系统传输线路的维护	（1）方法：讲授法 （2）重点与难点：广播系统硬件设备的基本维护	1

续表

模块	课程	学习单元	课程内容	培训建议	课堂学时
6.会议、广播和多媒体显示系统管理与维护	6-3 多媒体显示系统运行与维护	（1）多媒体显示系统分类与组成	1）B/S结构多媒体显示系统组成 2）C/S结构多媒体显示系统组成 3）单机型多媒体显示系统组成 4）复合型多媒体显示系统组成 ①网络部分 ②硬件部分 ③软件部分	（1）方法：讲授法、案例教学法 （2）重点与难点：复合型多媒体显示系统组成	2
		（2）多媒体显示系统线路连接方式	1）B/S结构多媒体显示系统线路连接方式 2）C/S结构多媒体显示系统线路连接方式 3）单机型多媒体显示系统线路连接方式 4）复合型多媒体显示系统线路连接方式	（1）方法：讲授法 （2）重点与难点：复合型多媒体显示系统线路连接方式	2
		（3）多媒体显示系统配置与维护	1）多媒体显示系统配置 ①中心控制软硬件系统配置 ②终端显示软硬件系统配置 ③网络系统配置 2）多媒体显示系统维护 ①中心控制软硬件系统维护 ②终端显示软硬件系统维护 ③网络系统维护	（1）方法：讲授法、案例教学法 （2）重点与难点：中心控制系统配置、终端显示系统维护	4
课堂学时合计					122

2.2.3 三级/高级职业技能培训课程规范

模块	课程	学习单元	课程内容	培训建议	课堂学时
1.综合布线系统管理与维护	1-1 光纤处理	（1）光纤的基本概念	1）光纤的结构和分类	（1）方法：讲授法、演示法、实训（练习）法 （2）重点与难点：光纤的熔接方法	1
			2）光纤的连接器件		
		（2）光纤的熔接方法	光纤的熔接方法		1
		（3）光纤跳线的制作	光纤跳线的制作方法		1
	1-2 连通性能测试	（1）铜缆布线系统的性能	1）铜缆布线系统的等级	（1）方法：讲授法、演示法、实训（练习）法 （2）重点与难点：铜缆连通性的测试方法	1
			2）铜缆布线系统的测试参数		
			3）铜缆测试常用仪器		
			4）测试方法		
		（2）光纤布线系统的性能	1）光纤布线系统的等级		1
			2）光纤布线系统的测试参数		
			3）光纤测试常用仪器		
			4）测试方法		
		（3）识读铜缆及光纤布线系统的测试记录	1）铜缆布线系统的性能指标		1
			2）光纤布线系统的性能指标		
			3）测试中常见问题及解决方法		
2.火灾自动报警及消防联动控制系统检修与保养	2-1 探测器检修	（1）火灾探测器的设置和选择	1）火灾探测器的设置和布局	（1）方法：讲授法 （2）重点与难点：火灾探测器的设置和布局	2
			2）火灾探测器的选择		
			3）火灾探测器故障报警信息的识读		
		（2）火灾探测器的检测及故障分析	1）火灾探测器的检测	（1）方法：讲授法、案例教学法 （2）重点与难点：火灾探测器的故障分析	2
			2）火灾探测器的故障分析		

续表

模块	课程	学习单元	课程内容	培训建议	课堂学时
2. 火灾自动报警及消防联动控制系统检修与保养	2-1 探测器检修	（3）火灾探测器的地址码整定	火灾探测器的地址码整定	（1）方法：讲授法、案例教学法 （2）重点与难点：火灾探测器的地址码整定	2
		（4）区别不同功能的线路	1）信号总线 2）控制总线 3）广播线 4）电话线 5）直启线 6）485通信总线	（1）方法：讲授法、演示法、案例教学法 （2）重点与难点：485通信总线	2
		（5）线路修复与敷设	1）线路修复 2）线路敷设	（1）方法：讲授法、演示法 （2）重点与难点：线路修复	2
	2-2 测控模块检修	（1）测控模块故障分析	1）测控模块常见故障 2）测控模块故障排除方法	（1）方法：讲授法、演示法 （2）重点与难点：测控模块故障排除方法	2
		（2）测控模块连接线路检修方法	1）手动火灾报警按钮的连接线路检修方法 2）消火栓按钮的连接线路检修方法 3）总线隔离器的连接线路检修方法 4）输入/输出模块的连接线路检修方法	（1）方法：讲授法、演示法 （2）重点与难点：总线隔离器的连接线路检修方法	2
		（3）线路修复与敷设	1）线路修复 2）线路敷设	（1）方法：讲授法、演示法 （2）重点与难点：线路修复	2

续表

模块	课程	学习单元	课程内容	培训建议	课堂学时
2.火灾自动报警及消防联动控制系统检修与保养	2-3 消防设备设施巡查	（1）消防主要联动设备的基本原理	1）火灾报警控制器的类型、功能及组成	（1）方法：讲授法、演示法 （2）重点与难点：火灾报警控制器的类型、功能及组成	2
			2）自动喷水灭火系统的基本工作原理		
			3）防排烟系统的基本工作原理		
			4）电气火灾监控和可燃气体探测报警等预警系统的基本工作原理		
			5）其他消防设施的基本工作原理 ①消防电话系统 ②消防应急广播 ③防火卷帘及防火门 ④消防电梯		
		（2）消防设施设备巡检	1）火灾自动报警系统工作状态的判断方法	（1）方法：讲授法、案例教学法 （2）重点与难点：火灾自动报警系统工作状态的判断方法	2
			2）自动喷水灭火系统工作状态的判断方法		
			3）防排烟系统工作状态的判断方法		
			4）电气火灾监控和可燃气体探测报警等预警系统工作状态的判断方法		
			5）防火卷帘及防火门工作状态的判断方法		
		（3）报警信息处理	1）火灾报警紧急处理程序	（1）方法：讲授法、案例教学法 （2）重点与难点：火灾报警控制器的报警功能和信息查询方法	2
			2）火灾报警控制器的报警功能和信息查询方法		
			3）火警误报、故障报警、监管报警的处理方法		
			4）消防应急广播的处理方法		
			5）火警电话的拨打方法及内容		

续表

模块	课程	学习单元	课程内容	培训建议	课堂学时
2.火灾自动报警及消防联动控制系统检修与保养	2-3 消防设备设施巡查	（4）消防联动设备的基本原理及功能检测	1）消防联动设备的基本原理 2）火灾报警控制器查询火警及历史信息的方法 3）火灾报警控制器、消防联动控制器工作状态切换 4）总线式消防联动控制器的手动操作方法 5）消防联动控制器直接手动控制单元的操作方法	（1）方法：讲授法、演示法、案例教学法 （2）重点与难点：总线式消防联动控制器的手动操作方法	2
		（5）测控模块与联动设备连接方式	1）总线隔离器与联动设备的连接方法 2）输入/输出模块与联动设备的连接方法	（1）方法：讲授法、演示法 （2）重点与难点：总线隔离器与联动设备的连接方法	2
3.网络和通信系统管理与维护	3-1 计算机网络组网	（1）计算机网络组成原理	1）计算机网络概述 ①计算机网络定义 ②计算机网络组成 ③计算机网络拓扑 2）计算机网络体系结构 3）网络IP地址分类 4）常见网络协议	（1）方法：讲授法 （2）重点与难点：网络体系结构、IP地址的分类	4
		（2）有线网络设备	1）传输线路 2）网络交换机 3）网络路由器	（1）方法：讲授法、案例教学法 （2）重点与难点：交换机和路由器的性能	2
		（3）无线网络设备	1）无线AP 2）无线AC	（1）方法：讲授法、案例教学法 （2）重点与难点：AP和AC的性能	2

续表

模块	课程	学习单元	课程内容	培训建议	课堂学时
3. 网络和通信系统管理与维护	3-1 计算机网络组网	（4）网络安全设备	1）网络防火墙 2）IDS 入侵检测系统 3）IPS 入侵防御系统 4）漏洞扫描设备 5）安全隔离网闸 6）VPN 设备 7）流量监控设备 8）防病毒网关 9）WEB 应用防护系统 10）安全审计系统	（1）方法：讲授法、案例教学法 （2）重点与难点：网络安全设备的作用	2
		（5）网络的规划设计	1）网络设备管理规划 2）IP 地址的管理规划	（1）方法：讲授法、案例教学法 （2）重点与难点：IP 地址的管理规划	2
		（6）网络设备的配置管理	1）主机的配置管理 2）交换机的配置管理 3）路由器的配置管理 4）网络的连接测试	（1）方法：讲授法、案例教学法 （2）重点与难点：交换机和路由器的配置管理	4
		（7）无线网络概念及组成	1）无线网络概念 2）无线网络协议标准 3）无线网络组成 ①有固定基础设施网络 ②自组网络	（1）方法：讲授法 （2）重点与难点：无线网协议标准	2
		（8）无线网组网配置	1）无线终端配置管理 2）无线 AP 配置管理 3）无线 AC 配置管理	（1）方法：讲授法、案例教学法 （2）重点与难点：AP 和 AC 的配置	4
	3-2 有线电视用户分配网测试和管理	（1）有线电视用户分配网性能测试	1）分配网设计原则 2）选择分配网线路 3）选择有源器件位置 4）设计分配网并进行指标验算 5）有线电视用户分配网测试方法	（1）方法：讲授法、案例教学法 （2）重点与难点：有线电视用户分配网测试方法	4

续表

模块	课程	学习单元	课程内容	培训建议	课堂学时
3.网络和通信系统管理与维护	3-2 有线电视用户分配网测试和管理	（2）有线电视用户分配网检修	1）有线电视用户分配网维护思路与解决方法	（1）方法：讲授法、案例教学法 （2）重点与难点：有线电视用户分配网维护思路与解决方法	4
			2）分配网维修案例分析		
4.建筑设备监控系统管理与维护	4-1 传感器和执行器测试与检修	（1）传感器的功能测试	1）传感器的工作原理	（1）方法：讲授法、演示法 （2）重点与难点：传感器的测试方法	1
			2）传感器的基本特性		
			3）传感器的测试		
		（2）阀门的功能测试	1）阀门的工作原理		1
			2）调节阀的基本特性		
			3）阀门的测试		
		（3）执行器的功能测试	1）电动执行器的工作原理		2
			2）执行器的特性分析		
			3）电动执行器的测试和校正		
		（4）传感器的故障检修	1）传感器的常见故障	（1）方法：讲授法、演示法 （2）重点与难点：传感器的故障检修方法	1
			2）传感器的故障检修方法		
		（5）阀门的故障检修	1）阀门的常见故障		1
			2）阀门的故障检修方法		
		（6）执行器的故障检修	1）执行器的常见故障		2
			2）执行器的故障检修方法		
	4-2 现场控制器测试与检修	（1）直接数字控制器的功能测试	1）直接数字控制器I/O接口的测试	（1）方法：讲授法、演示法 （2）重点与难点：现场控制器I/O接口的测试方法	2
			2）直接数字控制器强制功能的测试		
			3）直接数字控制器定时功能的测试		
			4）直接数字控制器通信端口的测试		

续表

模块	课程	学习单元	课程内容	培训建议	课堂学时
4.建筑设备监控系统管理与维护	4-2 现场控制器测试与检修	（2）可编程控制器的功能测试	1）可编程控制器I/O接口的测试 2）可编程控制器强制功能的测试 3）可编程控制器运行参数的测试 4）可编程控制器通信端口的测试		2
		（3）直接数字控制器的故障检修	1）直接数字控制器的常见故障 2）直接数字控制器故障排查	（1）方法：讲授法、演示法 （2）重点与难点：现场控制器的常见故障及排查方法	2
		（4）可编程控制器的故障检修	1）可编程控制器的常见故障 2）可编程控制器故障排查		2
5.安全防范系统管理与维护	5-1 视频监控系统测试与检修	（1）视频监控系统设备功能测试	1）视频监控系统显示设备的原理 ①液晶监视器 ②全高清监视器 ③拼接电视墙 2）视频信号处理设备的原理 ①视频切换器 ②视频分配器 3）视频记录设备的原理 ①模拟视频记录设备 ②数字视频记录设备 4）视频监控系统设备功能测试	（1）方法：讲授法、演示法、实训（练习）法 （2）重点与难点：视频监控系统设备原理、视频监控系统设备功能测试	4
		（2）视频监控系统传输线路的检修	1）视频监控系统线路的常见问题 2）视频监控系统传输线路的日常检修	（1）方法：讲授法、演示法、实训（练习）法 （2）重点与难点：视频监控系统传输线路的日常检修	2

续表

模块	课程	学习单元	课程内容	培训建议	课堂学时
5. 安全防范系统管理与维护	5-2 入侵报警系统测试与检修	（1）入侵报警系统设备原理及控制器功能测试	1）入侵报警控制器认知 ①入侵报警控制器的组成及功能 ②入侵报警控制器的分类 ③报警控制器的防区布防类型	（1）方法：讲授法、演示法、实训（练习）法 （2）重点与难点：报警控制器原理及功能测试	4
			2）入侵报警控制器功能测试		
		（2）入侵报警系统联动功能测试	入侵报警系统联动功能测试及应用	（1）方法：演示法、实训（练习）法 （2）重点与难点：入侵报警系统功能测试	2
		（3）入侵报警系统传输线路的检修	1）入侵报警系统线路的常见问题	（1）方法：讲授法、演示法、实训（练习）法 （2）重点与难点：入侵报警系统传输线路的日常检修	2
			2）入侵报警系统传输线路的日常检修		
	5-3 门禁系统测试与检修	（1）门禁系统设备原理及控制器功能测试	1）门禁控制器认知 ①门禁控制器的组成及功能 ②门禁控制器的分类 ③通信转换器的功能	（1）方法：讲授法、演示法、实训（练习）法 （2）重点与难点：门禁控制器原理及功能测试	4
			2）门禁控制器功能测试		
		（2）门禁系统联动功能测试	门禁系统联动功能测试及应用	（1）方法：讲授法、演示法、实训（练习）法 （2）重点与难点：门禁系统功能测试、门禁系统传输线路的日常检修	1
		（3）门禁系统传输线路的检修	1）门禁系统线路的常见问题		1
			2）门禁系统传输线路的日常检修		

续表

模块	课程	学习单元	课程内容	培训建议	课堂学时
5. 安全防范系统管理与维护	5-3 门禁系统测试与检修	（4）可视对讲系统设备工作原理	1）管理机的功能及应用 2）楼层分配器的功能及应用 3）联网控制器的功能及应用	（1）方法：讲授法、演示法、实训（练习）法 （2）重点与难点：管理机的功能、可视对讲系统传输线路的日常检修	1
		（5）可视对讲系统传输线路的检修	1）可视对讲系统线路的常见问题 2）可视对讲系统传输线路的日常检修		1
	5-4 停车场管理系统维护	（1）停车场管理系统检测设备的维护	1）停车场管理系统概述 ①停车场管理系统的组成 ②停车场管理系统的功能 2）停车场管理系统检测设备 ①停车场管理系统检测设备的分类 ②停车场管理系统检测设备的性能	（1）方法：讲授法、演示法、实训（练习）法 （2）重点与难点：停车场管理系统检测设备的分类及性能	2
		（2）停车场管理系统控制设备的维护	停车场管理系统控制设备 ①停车场管理系统控制设备的分类 ②停车场管理系统控制设备的性能	（1）方法：讲授法、演示法、实训（练习）法 （2）重点与难点：停车场管理系统控制设备的分类及性能	2
6. 会议、广播和多媒体显示系统管理与维护	6-1 会议系统测试与检修	（1）会议系统工作原理及设备性能	1）会议系统基本工作原理 2）会议系统设备性能 ①发言子系统设备及性能 ②扩声子系统设备及性能 ③显示子系统设备及性能 ④摄录子系统设备及性能 ⑤灯光子系统设备及性能 ⑥会议中控系统设备及性能 ⑦网络子系统设备及性能	（1）方法：讲授法、案例教学法 （2）重点与难点：会议中控系统设备及性能	4

续表

模块	课程	学习单元	课程内容	培训建议	课堂学时
6.会议、广播和多媒体显示系统管理与维护	6-1 会议系统测试与检修	（2）会议系统测试方法及记录日志	1）会议系统设备性能测试方法	（1）方法：讲授法、案例教学法 （2）重点与难点：会议系统设备性能测试方法	2
			2）会议系统通信及线路测试方法		
			3）会议系统音频信号测试方法		
			4）会议系统测试记录日志方法		
		（3）会议系统常见故障	1）会议系统设备常见故障类型	（1）方法：讲授法、案例教学法 （2）重点与难点：会议系统音频信号常见故障	2
			2）会议系统通信及线路常见故障		
			3）会议系统电源常见故障		
			4）会议系统音频信号常见故障		
		（4）会议系统检修	1）会议系统设备检修方法	（1）方法：讲授法、案例教学法 （2）重点与难点：会议系统音频信号衰减检修方法	2
			2）会议系统通信及线路检修方法		
			3）会议系统电源检修方法		
			4）会议系统音频信号衰减检修方法		
	6-2 广播系统测试与检修	（1）广播系统工作原理及设备性能	1）广播系统基本工作原理	（1）方法：讲授法、案例教学法 （2）重点与难点：IP数字网络广播系统主要设备及性能	2
			2）IP数字网络广播系统设备及性能（广播控制中心设备、IP网络适配器、音频工作站等）		

续表

模块	课程	学习单元	课程内容	培训建议	课堂学时
6. 会议、广播和多媒体显示系统管理与维护	6-2 广播系统测试与检修	（2）广播系统测试	1）广播系统设备性能测试方法 2）广播系统通信及线路测试方法 3）广播系统电源测试方法 4）广播系统音频信号测试方法	（1）方法：讲授法、案例教学法 （2）重点与难点：广播系统设备性能测试	2
		（3）广播系统电声性能测量	广播系统主要电声性能测量 ①测量点选择 ②声场不均匀度测量 ③传输频率特性测量 ④漏出声衰减测量 ⑤系统设备信噪比测量 ⑥应备声压级测量 ⑦扩声系统语言传输指数测量	（1）方法：讲授法、案例教学法 （2）重点与难点：扩声系统语言传输指数测量	2
		（4）广播系统常见故障	1）广播系统设备常见故障类型 2）广播系统通信及线路常见故障 3）广播系统电源常见故障 4）广播系统音频信号常见故障	（1）方法：讲授法、案例教学法 （2）重点与难点：广播系统音频信号常见故障	2
		（5）广播系统检修	1）广播系统设备检修 2）广播系统通信及线路检修 3）广播系统电源检修 4）广播系统音频信号衰减检修	（1）方法：讲授法、案例教学法 （2）重点与难点：广播系统音频信号衰减检修	2

续表

模块	课程	学习单元	课程内容	培训建议	课堂学时
6.会议、广播和多媒体显示系统管理与维护	6-3 多媒体显示系统测试与检修	（1）多媒体显示系统工作原理及设备性能	1）多媒体显示系统工作原理 ① B/S结构多媒体显示系统工作模式 ② C/S结构多媒体显示系统工作模式	（1）方法：讲授法、案例教学法 （2）重点与难点：多媒体显示系统主要设备性能	2
			2）多媒体显示系统主要设备性能		
		（2）多媒体显示系统测试	1）多媒体显示系统设备及大屏性能测试	（1）方法：讲授法、案例教学法 （2）重点与难点：多媒体显示系统设备及大屏性能测试	2
			2）多媒体显示系统通信及线路测试		
			3）多媒体显示系统电源测试		
			4）多媒体显示系统绝缘电阻、接地电阻测量		
		（3）多媒体显示系统常见故障类型	1）多媒体显示系统设备及大屏常见故障	（1）方法：讲授法、案例教学法 （2）重点与难点：多媒体显示系统设备及大屏常见故障	2
			2）多媒体显示系统通信及线路常见故障		
			3）多媒体显示系统电源常见故障		
		（4）多媒体显示系统检修	1）多媒体显示系统设备及大屏检修	（1）方法：讲授法、案例教学法 （2）重点与难点：多媒体显示系统设备及大屏检修	2
			2）多媒体显示系统通信及线路检修		
			3）多媒体显示系统电源检修		
课堂学时合计					132

2.2.4 二级/技师职业技能培训课程规范

模块	课程	学习单元	课程内容	培训建议	课堂学时
1.综合布线系统管理与维护	1-1 综合布线系统接管	系统及技术资料接收流程	1) 系统接收流程 2) 系统技术资料	(1) 方法：讲授法 (2) 重点与难点：系统接收流程	2
	1-2 综合布线系统升级改造	综合布线系统的升级改造	1) 综合布线系统的等级 2) 综合布线系统的设计 3) 综合布线系统的产品选型	(1) 方法：讲授法 (2) 重点与难点：综合布线系统设计	6
2.火灾自动报警及消防联动控制系统管理与维护	2-1 火灾报警主机功能核查	(1) 测试火灾报警主机功能	1) 火灾报警主机的型号含义及火灾报警系统的组成 2) 火灾报警主机的工作原理 3) 火灾报警主机的功能测试	(1) 方法：讲授法、案例教学法 (2) 重点与难点：火灾报警主机的型号、功能与工作原理	1
		(2) 火灾报警主机的参数设置及核查	1) 系统时间设置、密码修改 2) 进行系统现场设备、网络设置的检查 3) 进行手动键设置的检查 4) 进行启动类型、预警功能的操作设置 5) 进行防盗操作的设置 6) 进行打印操作的设置	(1) 方法：讲授法、实训（练习）法、演示法 (2) 重点与难点：系统参数设置的步骤	2

续表

模块	课程	学习单元	课程内容	培训建议	课堂学时
2.火灾自动报警及消防联动控制系统管理与维护	2-2 消防联动控制系统检查	（1）编写消防联动程序	1）进行设备定义、设备注册		1
			2）消防联动程序的编写		
		（2）测试消防联动功能	1）测试防火卷帘门的联动功能	（1）方法：讲授法、实训法 （2）重点与难点：消防联动控制系统的组成及功能测试	1
			2）测试消防泵的联动功能		
			3）测试排烟系统的联动功能		
			4）测试消防电梯的联动功能		
			5）测试消防广播的联动功能		
			6）测试应急照明的联动功能		
		（3）排查消防联动控制系统故障	1）电源常见故障现象、原因及排除方法	（1）方法：讲授法、案例教学法 （2）重点与难点：消防联动控制系统的常见故障及重大故障	1
			2）通信常见故障现象、原因及排除方法		
			3）探测器的常见故障现象、原因及排除方法		
			4）其他引起消防联动控制系统故障的原因及解决办法		
	2-3 火灾报警主机远程接口功能核查	（1）配置火灾报警主机接口	选配网络接口卡和转换模块	（1）方法：讲授法、案例教学法 （2）重点与难点：配置火灾报警主机接口	1
		（2）测试火灾报警主机接口功能	1）检测通信网络	（1）方法：讲授法、演示法 （2）重点与难点：测试火灾报警主机网络接口卡	1
			2）测试火灾报警主机网络接口卡		
			3）测试网络接口卡通信协议		

续表

模块	课程	学习单元	课程内容	培训建议	课堂学时
3.网络和通信系统管理与维护	3-1 计算机网络测试与维护	（1）局域网组网需求分析	1）业务需求 2）性能需求 3）安全需求	（1）方法：讲授法 （2）重点与难点：性能及安全需求	2
		（2）局域网组网参数配置方法	1）单机联网网络配置 2）双机互联网络配置 3）多机互联网络配置	（1）方法：讲授法、实训（练习）法 （2）重点与难点：多机互联网络配置	2
		（3）远程管理局域网	1）远程管理网络主机 2）远程管理网络设备	（1）方法：讲授法、实训（练习）法 （2）重点与难点：远程管理网络设备	2
		（4）网络故障分类	1）按软硬件故障分类 ①软件故障 ②硬件故障 2）按网络故障性质分类 ①物理故障 ②逻辑故障 3）按网络故障对象分类 ①线路故障 ②设备故障	（1）方法：讲授法 （2）重点与难点：软件故障及逻辑故障	2
		（5）局域网常见故障诊断	1）常用故障检测工具 2）常用故障检测命令 3）网络线路故障诊断 4）网络设备故障诊断	（1）方法：讲授法、实训（练习）法 （2）重点与难点：网络线路及设备故障诊断	2

续表

模块	课程	学习单元	课程内容	培训建议	课堂学时
3.网络和通信系统管理与维护	3-2 卫星电视天线管理与维护	卫星电视天线的维护、更换及位置校正	1）卫星电视天线的概念 2）卫星电视天线维护与更换注意事项 ①调整时间的选择 ②选准天线的波瓣宽度 ③选用质量高的高频头 3）卫星电视信号标准 4）卫星电视天线调试 ①调准方位角、仰角和极化角 ②细调参数 ③调整安装位置 5）常见故障及解决办法	（1）方法：讲授法 （2）重点与难点：卫星电视天线调试	4
4.建筑设备监控系统管理与维护	4-1 现场控制器编程与调试	（1）直接数字控制器、可编程控制器的编程	1）常用的直接数字控制器产品 2）直接数字控制器的典型应用 3）直接数字控制器的编程 4）常用的可编程控制器产品 5）可编程控制器的典型应用 6）可编程控制器的编程	（1）方法：讲授法、演示法 （2）重点与难点：现场控制器的编程方法	8
		（2）直接数字控制器、可编程控制器的调试	1）空调全新风系统的程序调试 2）空调新回风系统的程序调试	（1）方法：讲授法、案例教学法 （2）重点与难点：现场控制器的程序调试方法	8

续表

模块	课程	学习单元	课程内容	培训建议	课堂学时
4. 建筑设备监控系统管理与维护	4-1 现场控制器编程与调试	（2）直接数字控制器、可编程控制器的调试	3）给水系统的程序调试		
			4）排水系统的程序调试		
			5）照明系统的程序调试		
			6）红绿灯控制系统的程序调试		
			7）三相异步电动机星三角启动控制系统的程序调试		
			8）机械手控制系统的程序调试		
	4-2 建筑设备监控系统组态与调试	典型建筑设备监控系统的组态及调试方法	1）静态画面的制作	（1）方法：讲授法、案例教学法 （2）重点与难点：建筑设备监控系统的组态方法	8
			2）动画连接		
			3）脚本程序的编写		
			4）报警显示与报警设置		
			5）报表与曲线的制作		
			6）中央空调监控系统的调试		
			7）给排水监控系统的调试		
			8）照明监控系统的调试		
			9）电梯监控系统的调试		

续表

模块	课程	学习单元	课程内容	培训建议	课堂学时
5.安全防范系统管理与维护	5-1 视频监控系统设备配置	（1）视频存储器的设置	视频存储器 ①存储容量计算 ②视频存储器的设置	（1）方法：演示法、实训（练习）法 （2）重点与难点：视频存储器设置	2
		（2）视频服务器的设置	视频服务器 ①视频服务器工作原理 ②磁盘阵列 ③视频服务器的设置	（1）方法：演示法、实训（练习）法 （2）重点与难点：视频服务器设置	2
	5-2 入侵报警系统主机配置	（1）入侵报警控制器的设置	入侵报警控制器的编程	（1）方法：演示法、实训（练习）法 （2）重点与难点：入侵报警控制器的编程操作	2
		（2）入侵报警系统管理软件的操作	入侵报警系统管理软件及应用	（1）方法：演示法、实训（练习）法 （2）重点与难点：入侵报警系统管理软件的操作	2
	5-3 门禁系统配置与管理	（1）门禁系统控制器的设置	门禁系统控制器的编程	（1）方法：演示法、实训（练习）法 （2）重点与难点：门禁系统控制器的编程操作	2
		（2）门禁系统管理软件的操作	门禁系统管理软件及应用	（1）方法：演示法、实训（练习）法 （2）重点与难点：门禁系统管理软件的操作	2
6.培训与管理	6-1 培训	（1）职业培训基本流程	职业培训基本流程 ①岗位需求调研 ②培训需求对接 ③培训管理实务	（1）方法：讲授法、案例教学法 （2）重点与难点：培训管理实务	1
		（2）制订培训计划	编写培训计划 ①培训计划编写依据 ②培训计划编写原则 ③编写培训计划内容	（1）方法：讲授法、案例教学法 （2）重点与难点：编写培训计划内容	1

续表

模块	课程	学习单元	课程内容	培训建议	课堂学时
6. 培训与管理	6-1 培训	（3）课堂组织与教学	1）常见的教学法 ①讲授法 ②讨论法 ③实训（练习）法 ④演示法 ⑤案例教学法 ⑥实物示教法	（1）方法：讲授法、演示法 （2）重点与难点：演示法、案例教学法	2
			2）课堂组织与教学 ①课程导入的方法 ②合理运用教学方法 ③实施过程考核评价 ④重点及难点的处理 ⑤课后归纳及总结	（1）方法：讲授法、案例教学法 （2）重点与难点：实施过程考核评价	
		（4）对三级/高级工及以下级别人员实施培训	1）知识培训 ①职业道德与安全教育 ②职业标准及行业规范 ③最新相关法律、法规 ④行业前沿技术	（1）方法：讲授法、演示法、案例教学法、实物示教法 （2）重点与难点：行业前沿技术、常见故障排查解析	8
			2）操作指导 ①安装布线工艺指导 ②维护更换注意事项 ③常见故障排查解析 ④新产品操作指导		

模块	课程	学习单元	课程内容	培训建议	课堂学时
6.培训与管理	6-2 管理	（1）编制设备维修计划	编制设备维修计划 ①编制设备维修计划的依据 ②编制设备维修计划的内容 ③编制设备维修计划的步骤	（1）方法：讲授法、案例教学法 （2）重点与难点：编制设备维修计划的内容	2
		（2）制定设备管理台账	制定设备管理台账 ①制定设备台账封面 ②编写设备台账目录 ③编制设备档案卡片	（1）方法：讲授法、案例教学法 （2）重点与难点：编制设备档案卡片	2
课堂学时合计					82

2.2.5 一级/高级技师职业技能培训课程规范

模块	课程	学习单元	课程内容	培训建议	课堂学时
1.网络和通信系统管理与维护	1-1 网络安全管理	（1）网络安全管理概述	1）网络安全管理要求 ①网络安全概念 ②网络安全管理规范 2）网络安全管理依据 ①网络安全法律、法规 ②网络安全等级保护 ③网络安全责任追究制度	（1）方法：讲授法 （2）重点与难点：网络安全管理规范	4
		（2）网络安全管理方案	1）网络安全制度管理 2）网络安全人员管理 3）网络安全建设管理 4）网络安全技术管理	（1）方法：讲授法 （2）重点与难点：网络安全制度管理	2

续表

模块	课程	学习单元	课程内容	培训建议	课堂学时
1．网络和通信系统管理与维护	1-1 网络安全管理	（3）网络安全管理软件的功能	1）主机安全 2）数据安全 3）网络安全	（1）方法：讲授法 （2）重点与难点：数据安全	2
		（4）网络安全管理与维护方法	1）网络攻击防范 2）网络病毒防范 3）网络访问控制 4）网络行为审计 5）网络异常处理	（1）方法：讲授法 （2）重点与难点：网络攻击防范	2
		（5）网络安全管理软件配置	1）应用安全防护 2）下载安全防护 3）入侵安全防护	（1）方法：讲授法、案例教学法 （2）重点与难点：入侵安全防护	2
	1-2 虚拟专用网络（VPN）管理	（1）虚拟专用网络（VPN）工作原理	1）虚拟专用网络（VPN）概念 2）虚拟专用网络（VPN）的功能 3）虚拟专用网络（VPN）的工作原理	（1）方法：讲授法 （2）重点与难点：VPN 工作原理	2
		（2）VPN 网络规划及实施管理	1）网络整体状况 2）设备命名规则 3）设备存放位置 4）设备的连接 5）IP 地址的划分 6）VPN 任务分解与进度安排 7）VPN 实施人员构成与制作 8）VPN 实施流程	（1）方法：讲授法、案例教学法 （2）重点与难点：VPN 的网络规划	3
		（3）VPN 的节点部署及测试	1）VPN 网关设置 2）VPN 服务器设置 3）VPN 硬件测试 4）VPN 系统测试 5）VPN 全网测试	（1）方法：讲授法、实训（练习）法 （2）重点与难点：配置 VPN	3

续表

模块	课程	学习单元	课程内容	培训建议	课堂学时
2.建筑设备监控系统管理与维护	2-1 建筑设备节能方案制定与评估	（1）建筑节能基本知识	建筑节能基本知识 ①建筑设备主要能耗分析 ②建筑设备节能策略	（1）方法：讲授法 （2）重点与难点：建筑设备节能策略	2
		（2）制定建筑设备节能运行方案	1）制定空调系统节能运行方案 ①制定中央空调定温自动控制方案 ②制定中央空调变风量自动控制方案 ③制定冷水机组节能运行控制方案 2）制定给排水系统节能运行方案 ①制定变频恒压供水控制方案 ②制定热交换器恒温控制方案 ③制定热蒸汽冷凝水回收方案 3）制定照明系统节能运行方案 ①制定依据照度照明调光控制方案 ②制定照明系统定时控制方案 ③制定照明系统人体感应控制方案	（1）方法：讲授法、案例教学法 （2）重点与难点：制定建筑设备节能方案	6
		（3）能耗监测系统基本组成	1）能耗监测管理中心 2）数据采集装置 3）能耗报表分析 4）计划与实绩管理 5）平衡优化管理 6）配电优化管理 7）能耗指标管理 8）报警管理 9）耗能设备管理 10）权限维护管理	（1）方法：讲授法、演示法 （2）重点与难点：能耗监测管理中心	2

续表

模块	课程	学习单元	课程内容	培训建议	课堂学时
2．建筑设备监控系统管理与维护	2-1 建筑设备节能方案制定与评估	（4）制定建筑设备节能改造方案	1）空调设备节能改造方案 ①制定空调变风量（变频）控制方案 ②制定冷水机组群控方案 ③制定地源热泵节能控制方案 ④制定冷冻/冷却水泵变频1拖X控制方案 2）给排水设备节能改造方案 ①制定供水管网变频1拖X控制方案 ②制定生活热水节能设备改造方案 ③制定雨水回收设备节能改造方案 3）照明系统及灯具节能改造方案 ①制定照明系统定时控制方案 ②照明灯具的分类 ③照明灯具节能效果 ④风光互补发电技术	（1）方法：讲授法、案例教学法 （2）重点与难点：空调变风量（变频）控制方案、供水管网变频1拖X控制方案、照明灯具节能效果	6
		（5）建筑设备能耗分析	1）建筑设备能耗分析 ①建筑分类能耗的概念 ②建筑分项能耗的概念 ③建筑能耗的分析方法 2）建筑设备能效评估 ①我国能效等级的概念 ②采用计算能效进行评估 ③采用运行能效进行评估 ④同期能耗的对比分析	（1）方法：讲授法 （2）重点与难点：建筑设备能耗的分析方法、同期能耗的对比分析	4

续表

模块	课程	学习单元	课程内容	培训建议	课堂学时
2. 建筑设备监控系统管理与维护	2-2 系统集成与云平台管理	（1）智能楼宇系统集成技术	智能楼宇系统集成技术 ①智能楼宇系统集成概念 ②智能楼宇系统集成内容 ③智能楼宇系统集成分级	（1）方法：讲授法、演示法 （2）重点与难点：智能楼宇系统集成内容	2
		（2）制定智能楼宇系统集成方案	智能楼宇系统集成方案设计 ①搭建信息一体化管控平台 ②智能楼宇系统监控功能设计 ③智能楼宇系统管理功能设计	（1）方法：讲授法、演示法、案例教学法 （2）重点与难点：智能楼宇系统集成方案设计	2
		（3）云平台的基本概述	云平台的基本概述 ①云平台的概念及定义 ②云平台的一般模型 ③云平台的基本服务	（1）方法：讲授法、案例教学法 （2）重点与难点：云平台的基本服务	1
		（4）管理建筑群云平台	1）建筑群云平台的运行管理 ①云平台的信息资源管理 ②云平台的信息安全管理 2）建筑群云平台的后台管理 ①云平台的后台功能设置 ②云平台的数据备份	（1）方法：讲授法、案例教学法 （2）重点与难点：云平台的后台功能设置	2

续表

模块	课程	学习单元	课程内容	培训建议	课堂学时
3．安全防范系统优化	3-1 安全防范系统联动优化	（1）安全防范系统的升级改造	1）视频监控系统的设计 2）入侵报警系统的设计 3）门禁系统的设计	（1）方法：讲授法 （2）重点与难点：入侵报警系统的设计	4
		（2）安全防范系统的联动控制	1）安全防范子系统间的联动要求 2）安全防范子系统间的联动控制关系	（1）方法：讲授法 （2）重点与难点：安全防范子系统间的联动控制关系	2
	3-2 安全防范系统集成优化	安全防范系统的集成优化	1）安全防范系统的集成控制 2）安全防范系统的集成设计	（1）方法：讲授法 （2）重点与难点：安全防范系统的集成设计	2
4．培训与管理	4-1 培训	（1）对二级/技师及以下级别人员进行理论培训	1）指导二级/技师编写理论培训计划 ①确定理论培训教材 ②确定理论培训内容 ③确定理论考核方式 2）对低级别人员进行理论培训 ①新知识、新技术的培训 ②新工艺、新材料的培训	（1）方法：讲授法、案例教学法 （2）重点与难点：新知识、新技术的培训	2
		（2）对二级/技师及以下级别人员进行技能操作指导	1）指导低级别人员使用设备、工具及仪表 ①楼宇系统常见设备及原理 ②楼宇系统常用工具及使用 ③楼宇系统常用仪表及使用	（1）方法：讲授法、演示法、案例教学法 （2）重点与难点：楼宇系统技能操作指导	6

续表

模块	课程	学习单元	课程内容	培训建议	课堂学时
4．培训与管理	4-1 培训	（2）对二级/技师及以下级别人员进行技能操作指导	2）对低级别人员进行技能操作指导 ① 系统维护、更换操作指导 ② 系统检修、测控操作指导 ③ 系统编程、调试操作指导 ④ 系统接收、改造操作指导		
	4-2 管理	（1）对智能楼宇管理人员进行技术能力评估	1）对智能楼宇管理人员进行技术水平测评 ① 通用技术水平测评方法 ② 专业技术水平测评方法 ③ 测评智能楼宇管理人员技术水平 2）对智能楼宇管理人员进行操作能力评估 ① 智能楼宇管理人员操作能力评估方法 ② 评估系统维护、更换的操作能力 ③ 评估系统检修、测控的操作能力 ④ 评估系统编程、调试的操作能力 ⑤ 评估系统接收、改造的操作能力	（1）方法：实训（练习）法 （2）重点与难点：专业技术水平测评方法、操作能力评估方法	8

续表

模块	课程	学习单元	课程内容	培训建议	课堂学时
4．培训与管理	4-2 管理	（2）制定智能楼宇管理人员业务提升规划	1）制定智能楼宇管理人员知识水平提升规划 ① 制定人员定期培训规划 ② 制定人员定期测评规划 2）制定智能楼宇管理人员操作能力提升规划 ① 人员业务提升规划的制定原则 ② 制定人员岗位轮换规划 ③ 制定人员技能比武规划	（1）方法：讲授法 （2）重点与难点：制定人员定期培训、测评规划，制定人员轮岗、比武规划	8
课堂学时					79

2.2.6　培训建议中培训方法说明

1. 讲授法

讲授法指教师主要运用语言讲述，系统地向学员传授知识，传播思想观念。即教师通过叙述、描绘、解释、推论来传递信息、传授知识、阐明概念、论证定律和公式，引导学员获取知识，分析和认识问题。

2. 讨论法

讨论法指在教师的指导下，学员以班级或小组为单位，围绕学习单元的内容，对某一专题进行深入探讨，通过讨论或辩论活动，获得知识或巩固知识的一种教学方法，要求教师在讨论结束时对讨论的主题做归纳性总结。

3. 实训（练习）法

实训（练习）法指学员在教师的指导下巩固知识、运用知识，形成技能技巧的方法。通过实际操作的练习，形成操作技能。

4. 参观法

参观法指教师组织或指导学员进行实地观察、调查、研究和学习，使学员获得新知识或巩固已学知识的教学方法。参观法可细分为"准备性参观、并行性参观、总结性参观"等。

5. 演示法

演示法指在教学过程中，教师通过示范操作和讲解使学员获得知识、技能的教学方法。教学中，教师对操作内容进行现场演示，边操作边讲解，强调操作的关键步骤和注意事项，使学员边学边做，理论与技能并重，师生互动，提高学生的学习兴趣和学习效率。

6. 案例教学法

案例教学法指通过对案例的分析，提出问题，分析问题，并找到解决问题的途径和手段，培养学员分析问题、处理问题的能力。

7. 项目教学法

项目教学法指以实际应用为目的，将理论知识与实际工作相结合，通过师生共同完成一个完整的项目工作，使学员获得知识和实践操作能力与解决实际问题能力的教学方法。其实施以小组为学习单位，步骤一般可分为确定项目任务、计划、决策、实施、检查和评价6个步骤。强调学员在学习过程中的主体地位，以学员为中心，以学员学习为主、教师指导为辅，通过完成教学的项目，激发学员的学习积极性，使学员既获得相关理论知识，又掌握实践技能和工作方法，提高学员解决实际问题的综合能力。

8. 实物示教法

实物示教法指教师通过实物的操作演示或对学员实物操作演示的评价，实现对学员技能操作步骤和要领掌握情况的检查、纠错、修正，并演示正确的操作方法的一种教学方法。

9. 观摩法

观摩法指让学员通过现场观摩、观看视频等形式，学习、获取知识、技能的一种教学方法。

2.3 考核规范

2.3.1 职业基本素质培训考核规范

考核范围	考核比重（%）	考核内容	考核比重（%）	考核单元
1.职业认知与职业道德	5	1-1 职业认知	1	职业认知
		1-2 职业道德基本知识	2	职业道德基本知识
		1-3 职业守则	2	职业守则

续表

考核范围	考核比重（%）	考核内容	考核比重（%）	考核单元
2. 智能楼宇基础知识	20	2-1 智能楼宇系统概述	5	智能楼宇系统概述
		2-2 智能社区系统概述	5	智能社区系统概述
		2-3 楼宇自动控制知识	5	楼宇自动控制知识
		2-4 绿色建筑基本知识	5	绿色建筑基本知识
3. 电气基础	30	3-1 电工电子基础	10	（1）直流电路
				（2）正弦交流电路
				（3）常用半导体器件及稳压电源电路
				（4）数字电路基础
		3-2 电气控制基础	10	（1）常用低压电器元件
				（2）典型电气控制电路
		3-3 供配电基础	10	（1）电力系统的基本概念
				（2）电力负荷的分级
				（3）低压配电系统接地的方式
4. 建筑机电设备基础	15	4-1 给排水设备基本原理	5	（1）给水设备基本原理
				（2）排水设备基本原理
		4-2 通风与空调设备基本原理	5	通风与空调设备基本原理
		4-3 建筑电气设备基本原理	5	（1）电梯系统基本知识
				（2）供配电系统基本知识
				（3）照明系统基本知识
5. 电气安全基础	10	5-1 安全用电	5	（1）安全用电基本知识
				（2）设备的安全用电
				（3）建筑的安全用电
		5-2 防雷与接地	5	（1）防雷的基本知识
				（2）接地的基本知识
6. 计算机应用基础	15	6-1 计算机操作系统知识	5	计算机操作系统知识
		6-2 常用计算机操作系统	5	常用计算机操作系统
		6-3 计算机网络与通信	5	计算机网络与通信
7. 相关法律、法规知识	5	相关法律、法规知识	5	相关法律、法规知识

2.3.2 四级／中级职业技能培训理论知识考核规范

考核范围	考核比重（%）	考核内容	考核比重（%）	考核单元
1. 综合布线系统管理与维护	15	1-1 接续设备更换	5	（1）综合布线系统的基础知识 （2）配线架的更换 （3）信息模块的更换
		1-2 缆线端接	5	（1）综合布线系统的图例符号 （2）铜缆的端接
		1-3 跳线连接	5	（1）铜缆跳线的制作 （2）铜缆跳线的跳接管理
2. 火灾自动报警及消防联动控制系统管理与维护	15	2-1 探测器维护	5	（1）火灾自动报警系统基本知识 （2）火灾探测器的功能与分类 （3）火灾探测器线路连接方式 （4）常用火灾探测器的检测方法 （5）火灾探测器的更换
		2-2 测控模块维护	5	（1）测控模块的功能及工作原理 （2）测控模块的线路连接方式 （3）常用测控模块的检测方法 （4）测控模块更换注意事项
		2-3 消防应急照明及疏散指示标志的维护	5	（1）消防应急照明及疏散指示标志的功能及分类 （2）消防应急照明及疏散指示标志的线路连接方式 （3）消防应急照明及疏散指示标志的测试 （4）消防应急照明及疏散指示标志的维修、保养方法
3. 网络和通信系统管理与维护	10	3-1 交换机网络连接	5	（1）交换机基本知识 （2）交换机的工作原理及功能 （3）交换机接口类型 （4）交换机端口模式 （5）交换机的连接
		3-2 有线电视用户分配网的维护	5	（1）有线电视用户分配网的线路、器材维护 （2）有线电视用户分配网的线路、器材更换

续表

考核范围	考核比重（%）	考核内容	考核比重（%）	考核单元
4.建筑设备监控系统管理与维护	30	4-1 传感器和执行器的维护与更换	10	（1）传感器的维护
				（2）阀门的维护
				（3）执行器的维护
				（4）传感器的更换
				（5）阀门的更换
				（6）执行器的更换
		4-2 现场控制器的维护与更换	10	（1）直接数字控制器的维护
				（2）可编程控制器的维护
				（3）直接数字控制器的更换
				（4）可编程控制器的更换
		4-3 中央控制站的运行管理	10	（1）中央控制站的基本操作
				（2）中央控制站的运行界面识读
5.安全防范系统管理与维护	15	5-1 视频监控系统前端设备及传输系统的维护与更换	5	（1）视频监控系统基本知识
				（2）视频监控前端设备的维护和更换
				（3）视频监控传输设备及其线路的维护和更换
		5-2 入侵报警系统前端设备及传输系统的维护与更换	5	（1）入侵报警系统基本知识
				（2）入侵报警系统前端设备的维护及更换
				（3）入侵报警系统传输模式及传输线路的维护和更换

续表

考核范围	考核比重（%）	考核内容	考核比重（%）	考核单元
5.安全防范系统管理与维护		5-3 门禁管理系统用户端设备的维护与更换	5	（1）门禁管理系统基本知识
				（2）门禁管理系统用户端设备及传输线路的维护和更换
				（3）可视对讲系统设备及传输线路的维护和更换
6.会议、广播和多媒体显示系统管理与维护	15	6-1 会议系统运行与维护	5	（1）会议系统分类与组成
				（2）会议系统连接
				（3）会议系统基本校验与配置及运行操作
				（4）会议系统基本维护
		6-2 广播系统运行与维护	5	（1）广播系统分类与组成
				（2）广播系统连接方式
				（3）广播系统校验与配置及运行操作
				（4）广播系统基本维护
		6-3 多媒体显示系统运行与维护	5	（1）多媒体显示系统分类与组成
				（2）多媒体显示系统线路连接方式
				（3）多媒体显示系统配置与维护

2.3.3　四级/中级职业技能培训操作技能考核规范

考核范围	考核比重（%）	考核内容	考核比重（%）	考核形式	选考方式	考核时间（分钟）	重要程度
1. 综合布线系统管理与维护	20	1-1 接续设备更换	8	实操	必考	20	X
		1-2 缆线端接	6	实操	必考		X
		1-3 跳线连接	6	实操	必考		X
2. 火灾自动报警及消防联动控制系统管理与维护	10	2-1 探测器维护	3	实操	必考	10	X
		2-2 测控模块维护	3	实操	必考		X
		2-3 消防应急照明及疏散指示标志的维护	4	实操	必考		Y
3. 网络和通信系统管理与维护	15	3-1 交换机网络连接	9	实操	必考	15	X
		3-2 有线电视用户分配网的维护	6	实操	必考		Y
4. 建筑设备监控系统管理与维护	25	4-1 传感器和执行器的维护与更换	8	实操	必考	25	X
		4-2 现场控制器的维护与更换	8	实操	必考		X
		4-3 中央控制站的运行管理	9	实操	必考		X
5. 安全防范系统管理与维护	20	5-1 视频监控系统前端设备及传输系统的维护与更换	8	实操	必考	20	X

续表

考核范围	考核比重（%）	考核内容	考核比重（%）	考核形式	选考方式	考核时间（分钟）	重要程度
5.安全防范系统管理与维护		5-2 入侵报警系统前端设备及传输系统的维护与更换	6	实操	必考		X
		5-3 门禁管理系统用户端设备的维护与更换	6	实操	必考		X
6.会议、广播和多媒体显示系统管理与维护	10	6-1 会议系统运行与维护	4	实操	必考	10	X
		6-2 广播系统运行与维护	3	实操	必考		Y
		6-3 多媒体显示系统运行与维护	3	实操	必考		X

2.3.4 三级/高级职业技能培训理论知识考核规范

考核范围	考核比重（%）	考核内容	考核比重（%）	考核单元
1.综合布线系统管理与维护	15	1-1 光纤处理	8	（1）光纤的基本概念
				（2）光纤的熔接方法
				（3）光纤跳线的制作
		1-2 连通性能测试	7	（1）铜缆布线系统的性能
				（2）光纤布线系统的性能
				（3）识读铜缆及光纤布线系统的测试记录

续表

考核范围	考核比重（%）	考核内容	考核比重（%）	考核单元
2.火灾自动报警及消防联动控制系统检修与保养	15	2-1 探测器检修	5	（1）火灾探测器的设置和选择
				（2）火灾探测器的检测及故障分析
				（3）火灾探测器的地址码整定
				（4）区别不同功能的线路
				（5）线路修复与敷设
		2-2 测控模块检修	5	（1）测控模块故障分析
				（2）测控模块连接线路检修方法
				（3）线路修复与敷设
		2-3 消防设备设施巡查	5	（1）消防主要联动设备的基本原理
				（2）消防设施设备巡检
				（3）报警信息处理
				（4）消防联动设备的基本原理及功能检测
				（5）测控模块与联动设备连接方式
3.网络和通信系统管理与维护	15	3-1 计算机网络组网	10	（1）计算机网络组成原理
				（2）有线网络设备
				（3）无线网络设备
				（4）网络安全设备
				（5）网络的规划设计
				（6）网络设备的配置管理
				（7）无线网络概念及组成
				（8）无线网组网配置
		3-2 有线电视用户分配网测试和管理	5	（1）有线电视用户分配网性能测试
				（2）有线电视用户分配网检修

续表

考核范围	考核比重（%）	考核内容	考核比重（%）	考核单元
4.建筑设备监控系统管理与维护	20	4-1 传感器和执行器测试与检修	10	（1）传感器的功能测试
				（2）阀门的功能测试
				（3）执行器的功能测试
				（4）传感器的故障检修
				（5）阀门的故障检修
				（6）执行器的故障检修
		4-2 现场控制器测试与检修	10	（1）直接数字控制器的功能测试
				（2）可编程控制器的功能测试
				（3）直接数字控制器的故障检修
				（4）可编程控制器的故障检修
5.安全防范系统管理与维护	20	5-1 视频监控系统测试与检修	5	（1）视频监控系统设备功能测试
				（2）视频监控系统传输线路的检修
		5-2 入侵报警系统测试与检修	5	（1）入侵报警系统设备原理及控制器功能测试
				（2）入侵报警系统联动功能测试
				（3）入侵报警系统传输线路的检修
		5-3 门禁系统测试与检修	5	（1）门禁系统设备原理及控制器功能测试
				（2）门禁系统联动功能测试
				（3）门禁系统传输线路的检修
				（4）可视对讲系统设备工作原理
				（5）可视对讲系统传输线路的检修
		5-4 停车场管理系统维护	5	（1）停车场管理系统检测设备的维护
				（2）停车场管理系统控制设备的维护

续表

考核范围	考核比重（%）	考核内容	考核比重（%）	考核单元
6.会议、广播和多媒体显示系统管理与维护	15	6-1 会议系统测试与检修	5	(1) 会议系统工作原理及设备性能
				(2) 会议系统测试方法及记录日志
				(3) 会议系统常见故障
				(4) 会议系统检修
		6-2 广播系统测试与检修	5	(1) 广播系统工作原理及设备性能
				(2) 广播系统测试
				(3) 广播系统电声性能测量
				(4) 广播系统常见故障
				(5) 广播系统检修
		6-3 多媒体显示系统测试与检修	5	(1) 多媒体显示系统工作原理及设备性能
				(2) 多媒体显示系统测试
				(3) 多媒体显示系统常见故障类型
				(4) 多媒体显示系统检修

2.3.5 三级/高级职业技能培训操作技能考核规范

考核范围	考核比重（%）	考核内容	考核比重（%）	考核形式	选考方式	考核时间（分钟）	重要程度
1.综合布线系统管理与维护	15	1-1 光纤处理	8	实操	必考	15	X
		1-2 连通性能测试	7	实操	必考		X
2.火灾自动报警及消防联动控制系统管理与维护	10	2-1 探测器检修	3	实操	必考	10	X
		2-2 测控模块检修	3	实操	必考		X
		2-3 消防设备设施巡查	4	实操	必考		X

续表

考核范围	考核比重（%）	考核内容	考核比重（%）	考核形式	选考方式	考核时间（分钟）	重要程度
3.网络和通信系统管理与维护	15	3-1 计算机网络组网	8	实操	必考	15	X
		3-2 有线电视用户分配网测试和管理	7	实操	必考		Y
4.建筑设备监控系统管理与维护	30	4-1 传感器和执行器测试与检修	15	实操	必考	30	X
		4-2 现场控制器测试与检修	15	实操	必考		X
5.安全防范系统管理与维护	20	5-1 视频监控系统测试与检修	5	实操	必考	20	X
		5-2 入侵报警系统测试与检修	5	实操	必考		X
		5-3 门禁系统测试与检修	5	实操	必考		X
		5-4 停车场管理系统维护	5	实操	必考		Y
6.会议、广播和多媒体显示系统管理与维护	10	6-1 会议系统测试与检修	4	实操	必考	10	X
		6-2 广播系统测试与检修	3	实操	必考		Y
		6-3 多媒体显示系统测试与检修	3	实操	必考		X

2.3.6 二级/技师职业技能培训理论知识考核规范

考核范围	考核比重（%）	考核内容	考核比重（%）	考核单元
1.综合布线系统管理与维护	10	1-1 综合布线系统接管	5	系统及技术资料接收流程
		1-2 综合布线系统升级改造	5	综合布线系统的升级改造

续表

考核范围	考核比重（%）	考核内容	考核比重（%）	考核单元
2. 火灾自动报警及消防联动控制系统管理与维护	10	2-1 火灾报警主机功能核查	3	（1）测试火灾报警主机功能
				（2）火灾报警主机的参数设置及核查
		2-2 消防联动控制系统检查	3	（1）编写消防联动程序
				（2）测试消防联动功能
				（3）排查消防联动控制系统故障
		2-3 火灾报警主机远程接口功能核查	4	（1）配置火灾报警主机接口
				（2）测试火灾报警主机接口功能
3. 网络和通信系统管理与维护	10	3-1 计算机网络测试与维护	5	（1）局域网组网需求分析
				（2）局域网组网参数配置方法
				（3）远程管理局域网
				（4）网络故障分类
				（5）局域网常见故障诊断
		3-2 卫星电视天线管理与维护	5	卫星电视天线的维护、更换及位置校正
4. 建筑设备监控系统管理与维护	40	4-1 现场控制器编程与调试	20	（1）直接数字控制器、可编程控制器的编程
				（2）直接数字控制器、可编程控制器的调试
		4-2 建筑设备监控系统组态与调试	20	典型建筑设备监控系统的组态及调试方法

续表

考核范围	考核比重(%)	考核内容	考核比重(%)	考核单元
5. 安全防范系统管理与维护	25	5-1 视频监控系统设备配置	8	（1）视频存储器的设置
				（2）视频服务器的设置
		5-2 入侵报警系统主机配置	8	（1）入侵报警控制器的设置
				（2）入侵报警系统管理软件的操作
		5-3 门禁系统配置与管理	9	（1）门禁系统控制器的设置
				（2）门禁系统管理软件的操作
6. 培训与管理	5	6-1 培训	3	（1）职业培训基本流程
				（2）制订培训计划
				（3）课堂组织与教学
				（4）对三级/高级工及以下级别人员实施培训
		6-2 管理	2	（1）编制设备维修计划
				（2）制定设备管理台账

2.3.7 二级/技师职业技能培训操作技能考核规范

考核范围	考核比重(%)	考核内容	考核比重(%)	考核形式	选考方式	考核时间（分钟）	重要程度
1. 综合布线系统管理与维护	10	1-1 综合布线系统接管	5	实操	必考	10	X
		1-2 综合布线系统升级改造	5	实操	必考		X

续表

考核范围	考核比重（%）	考核内容	考核比重（%）	考核形式	选考方式	考核时间（分钟）	重要程度
2.火灾自动报警及消防联动控制系统管理与维护	10	2-1 火灾报警主机功能核查	3	实操	必考	10	X
		2-2 消防联动控制系统检查	3	实操	必考		X
		2-3 火灾报警主机远程接口功能核查	4	实操	必考		X
3.网络和通信系统管理与维护	15	3-1 计算机网络测试与维护	8	实操	必考	15	X
		3-2 卫星电视天线管理与维护	7	实操	必考		Y
4.建筑设备监控系统管理与维护	35	4-1 现场控制器编程与调试	20	实操	必考	35	X
		4-2 建筑设备监控系统组态与调试	15	实操	必考		X
5.安全防范系统管理与维护	20	5-1 视频监控系统设备配置	7	实操	必考	30	X
		5-2 入侵报警系统主机配置	7	实操	必考		X
		5-3 门禁系统配置与管理	6	实操	必考		Y
6.培训与管理	10	6-1 培训	5	笔试	选考	10	X
		6-2 管理	5	笔试	选考		X

2.3.8 一级/高级技师职业技能培训理论知识考核规范

考核范围	考核比重（%）	考核内容	考核比重（%）	考核单元
1.网络和通信系统管理与维护	25	1-1 网络安全管理	13	（1）网络安全管理概述
				（2）网络安全管理方案
				（3）网络安全管理软件的功能
				（4）网络安全管理与维护方法
				（5）网络安全管理软件配置

续表

考核范围	考核比重（%）	考核内容	考核比重（%）	考核单元
1. 网络和通信系统管理与维护		1-2 虚拟专用网络（VPN）管理	12	（1）虚拟专用网络（VPN）工作原理
				（2）VPN网络规划及实施管理
				（3）VPN的节点部署及测试
2. 建筑设备监控系统管理与维护	40	2-1 建筑设备节能方案制定与评估	20	（1）建筑节能基本知识
				（2）制定建筑设备节能运行方案
				（3）能耗监测系统基本组成
				（4）制定建筑设备节能改造方案
				（5）建筑设备能耗分析
		2-2 系统集成与云平台管理	20	（1）智能楼宇系统集成技术
				（2）制定智能楼宇系统集成方案
				（3）云平台的基本概述
				（4）管理建筑群云平台
3. 安全防范系统优化	30	3-1 安全防范系统联动优化	15	（1）安全防范系统的升级改造
				（2）安全防范系统的联动控制
		3-2 安全防范系统集成优化	15	安全防范系统的集成优化
4. 培训与管理	5	4-1 培训	3	（1）对二级/技师及以下级别人员进行理论培训
				（2）对二级/技师及以下级别人员进行技能操作指导

续表

考核范围	考核比重（%）	考核内容	考核比重（%）	考核单元
4.培训与管理		4-2 管理	2	（1）对智能楼宇管理人员进行技术能力评估
				（2）制定智能楼宇管理人员业务提升规划

2.3.9 一级/高级技师职业技能培训操作技能考核规范

考核范围	考核比重（%）	考核内容	考核比重（%）	考核形式	选考方式	考核时间（分钟）	重要程度
1.网络和通信系统管理与维护	20	1-1 网络安全管理	10	实操	必考	20	X
		1-2 虚拟专用网络（VPN）管理	10	实操	必考		Y
2.建筑设备监控系统管理与维护	40	2-1 建筑设备节能方案制定与评估	20	实操	必考	40	X
		2-2 系统集成与云平台管理	20	实操	必考		X
3.安全防范系统优化	30	3-1 安全防范系统联动优化	15	实操	必考	30	X
		3-2 安全防范系统集成优化	15	实操	必考		X
4.培训与管理	10	4-1 培训	5	笔试	选考	10	X
		4-2 管理	5	笔试	选考		X

附录

培训要求与课程规范对照表

附录

附录1 职业基本素质培训要求与课程规范对照表

2.1.1 职业基本素质培训要求			2.2.1 职业基本素质培训课程规范			
职业基本素质模块（模块）	培训内容（课程）	培训细目	学习单元	课程内容	培训建议	课堂学时
1. 职业认知与职业道德	1-1 职业认知	（1）智能楼宇管理员简介 （2）智能楼宇管理员工作内容	职业认知	1）建筑智能化的认知 2）智能楼宇管理员职业认知	（1）方法：讲授法 （2）重点与难点：智能楼宇管理员工作内容	1
	1-2 职业道德基本知识	（1）道德与职业道德的概念 （2）职业道德的社会作用及表现形式 （3）智能楼宇管理员职业道德规范	职业道德基本知识	1）道德与职业道德的概念 ①道德的概念 ②职业道德的概念 2）职业道德社会作用及表现形式 ①职业道德社会作用 ②职业道德表现形式 3）智能楼宇管理员职业道德规范	（1）方法：讲授法 （2）重点与难点：职业道德的社会作用及表现形式	2
	1-3 职业守则	智能楼宇管理员职业守则	职业守则	1）认真严谨，忠于职守 2）勤奋好学，不耻下问 3）钻研业务，勇于创新 4）爱岗敬业，遵纪守法 5）工匠精神，敬业精神	（1）方法：讲授法、讨论法 （2）重点与难点：智能楼宇管理员职业守则	1
2. 智能楼宇基础知识	2-1 智能楼宇系统概述	（1）智能楼宇基本概述 （2）智能楼宇功能特点	智能楼宇系统概述	1）智能楼宇基本概述 ①智能楼宇基本概念 ②智能楼宇发展历程 2）智能楼宇功能特点 ①智能楼宇主要功能 ②智能楼宇主要特点	（1）方法：讲授法、演示法 （2）重点与难点：智能楼宇系统集成	4

职业基本素质培训要求与课程规范对照表

续表

2.1.1 职业基本素质培训要求			2.2.1 职业基本素质培训课程规范			
职业基本素质模块（模块）	培训内容（课程）	培训细目	学习单元	课程内容	培训建议	课堂学时
2. 智能楼宇基础知识	2-1 智能楼宇系统概述	（3）智能楼宇系统集成 （4）智能建筑技术要求 （5）智能楼宇典型应用	智能楼宇系统概述	3）智能楼宇系统集成 ①楼宇自动化系统 ②办公自动化系统 ③通信自动化系统		
				4）智能建筑技术要求 ①智能建筑基本要素 ②智能建筑基本要求 ③智能建筑技术基础		
				5）智能楼宇典型应用 ①智慧消防应用系统 ②建筑智能化应用系统 ③智能车库应用系统		
	2-2 智能社区系统概述	（1）智能社区基本概述 （2）智能社区功能特点 （3）智能社区典型应用	智能社区系统概述	1）智能社区基本概述 ①智能社区基本概念 ②智能社区基本组成 ③智能社区基本要求	（1）方法：讲授法、演示法 （2）重点与难点：智能社区典型应用	2
				2）智能社区功能特点 ①智能社区主要功能 ②智能社区主要特点		
				3）智能社区典型应用 ①智能家居应用系统 ②社区安防应用系统 ③智能物业管理系统		
	2-3 楼宇自动控制知识	（1）自动控制系统介绍 （2）经典控制理论 （3）现代控制理论	楼宇自动控制知识	1）自动控制系统 ①自动控制系统的概念 ②自动控制系统的组成 ③自动控制系统的分类	（1）方法：讲授法、演示法 （2）重点与难点：人工智能技术	4
				2）经典控制理论 ①线性控制理论 ②非线性控制理论 ③采样控制理论		
				3）现代控制理论 ①线性系统理论 ②非线性系统理论 ③最优控制理论 ④随机控制理论 ⑤自适应控制理论		

附录

续表

2.1.1 职业基本素质培训要求			2.2.1 职业基本素质培训课程规范			
职业基本素质模块（模块）	培训内容（课程）	培训细目	学习单元	课程内容	培训建议	课堂学时
2. 智能楼宇基础知识	2-3 楼宇自动控制知识	（4）人工智能技术	楼宇自动控制知识	4）人工智能技术 ①人工智能的概念 ②智能机器人技术 ③智能制造技术 ④智能控制技术 ⑤大数据物联网技术		
	2-4 绿色建筑基本知识	（1）绿色建筑基本概述 （2）建筑节能技术 （3）新能源技术在建筑中的应用	绿色建筑基本知识	1）绿色建筑基本概述 ①绿色建筑的概念 ②绿色建筑基本组成	（1）方法：讲授法、演示法 （2）重点与难点：新能源技术在建筑中的应用	4
				2）建筑节能技术 ①建筑节能的意义 ②装配式建筑的概念 ③被动式建筑的概念		
				3）新能源技术在建筑中的应用 ①太阳能在建筑中的应用 ②热源地泵在建筑中的应用		
3. 电气基础	3-1 电工电子基础	（1）直流电路 （2）正弦交流电路 （3）常用半导体器件及稳压电源电路 （4）数字电路基础	（1）直流电路	1）电路的基本概念	（1）方法：讲授法、演示法 （2）重点与难点：直流电路的分析方法	2
				2）电路的基本物理量		
				3）直流电路的基本元件		
				4）直流电路分析法		
			（2）正弦交流电路	1）正弦交流电路的基本概念	（1）方法：讲授法、演示法 （2）重点与难点：三相交流电路	1
				2）单相交流电路		
				3）三相交流电路		
			（3）常用半导体器件及稳压电源电路	1）晶体二极管	（1）方法：讲授法、演示法 （2）重点与难点：滤波电路、整流与稳压电路	2
				2）晶体三极管		
				3）滤波电路		
				4）整流与稳压电路		
			（4）数字电路基础	1）数制与码制	（1）方法：讲授法、演示法 （2）重点与难点：门电路与集成触发器	1
				2）门电路		
				3）集成触发器		

续表

2.1.1 职业基本素质培训要求			2.2.1 职业基本素质培训课程规范			
职业基本素质模块（模块）	培训内容（课程）	培训细目	学习单元	课程内容	培训建议	课堂学时
3. 电气基础	3-2 电气控制基础	（1）常用低压电器 （2）典型电气控制电路	（1）常用低压电器元件	1）交流接触器 2）低压断路器 3）漏电保护断路器 4）低压熔断器 5）电压互感器 6）电流互感器 7）零序电流互感器 8）主令电器	（1）方法：讲授法、演示法 （2）重点与难点：交流接触器、低压断路器、漏电保护断路器	2
			（2）典型电气控制电路	1）三相异步电动机直接启动控制电路 2）三相异步电动机正、反转控制电路 3）三相异步电动机软启动控制	（1）方法：讲授法、演示法 （2）重点与难点：三相异步电动机正、反转控制电路	2
	3-3 供配电基础	（1）电力系统的基本概念 （2）电力负荷的分级 （3）低压配电系统接地的方式	（1）电力系统的基本概念	1）电力系统的基本概念及组成 2）电力系统的电压等级	（1）方法：讲授法 （2）重点与难点：电力系统的基本概念	1
			（2）电力负荷的分级	1）一级负荷 2）二级负荷 3）三级负荷	（1）方法：讲授法 （2）重点与难点：负荷的分级	1
			（3）低压配电系统接地的方式	1）TN 系统 2）TT 系统 3）IT 系统	（1）方法：讲授法 （2）重点与难点：低压配电系统接地的方式	1
4. 建筑机电设备基础	4-1 给排水设备基本原理	（1）给水系统 （2）排水系统	（1）给水设备基本原理	1）给水系统的基本功能 2）生活给水系统工作原理 3）给水系统的主要设备	（1）方法：讲授法 （2）重点与难点：给水系统的基本功能、工作原理及主要设备	1
			（2）排水设备基本原理	1）排水系统的基本功能 2）排水系统工作原理 3）排水系统的主要设备	（1）方法：讲授法 （2）重点与难点：排水系统的基本功能、工作原理及主要设备	1

附录

续表

2.1.1 职业基本素质培训要求			2.2.1 职业基本素质培训课程规范			
职业基本素质模块（模块）	培训内容（课程）	培训细目	学习单元	课程内容	培训建议	课堂学时
4. 建筑机电设备基础	4-2 通风与空调设备基本原理	（1）通风与空调的基本知识 （2）中央空调系统组成	通风与空调设备基本原理	1）通风与空调的基本知识 ①空调的基本功能 ②湿空气的物理性质 ③空气调节原理	（1）方法：讲授法、演示法 （2）重点与难点：中央空调系统组成	4
				2）中央空调系统组成 ①冷热源系统 ②空气处理系统 ③空气输送及分配系统 ④控制系统		
	4-3 建筑电气设备基本原理	（1）电梯系统 （2）供配电系统 （3）照明系统	（1）电梯系统基本知识	1）电梯系统的基本概念 2）电梯系统的原理 3）电梯系统的基本结构	（1）方法：讲授法、演示法 （2）重点与难点：电梯系统的概念、工作原理及主要设备	4
			（2）供配电系统基本知识	1）供配电系统基本概念 2）供配电系统组成	（1）方法：讲授法、演示法 （2）重点与难点：供配电系统的概念及主要设备	2
			（3）照明系统基本知识	1）照明系统基本概念 2）建筑照明设备 3）照明控制	（1）方法：讲授法、演示法 （2）重点与难点：照明系统的概念、主要设备及控制方式	2
5. 电气安全基础	5-1 安全用电	（1）防止触电的主要措施 （2）电气设备及线路的电气绝缘	（1）安全用电基本知识	1）触电的种类 2）触电的主要形式 3）电气安全指标 4）触电的急救措施 5）防止触电的主要措施	（1）方法：讲授法、演示法 （2）重点与难点：防止触电的主要措施	2
			（2）设备的安全用电	1）电气设备及线路的电气绝缘 2）屏护及安全距离 3）安全用电的标识及防护用具	（1）方法：讲授法、演示法 （2）重点与难点：电气设备及线路的电气绝缘	2

续表

2.1.1 职业基本素质培训要求			2.2.1 职业基本素质培训课程规范			
职业基本素质模块（模块）	培训内容（课程）	培训细目	学习单元	课程内容	培训建议	课堂学时
5.电气安全基础	5-1 安全用电	（3）建筑安全用电的主要措施	（3）建筑的安全用电	1）建筑低压配电系统 2）建筑安全用电的工作制度 3）建筑安全用电的管理措施	（1）方法：讲授法、演示法 （2）重点与难点：建筑低压配电系统	2
	5-2 防雷与接地	（1）建筑物防雷装置的选择 （2）建筑物的接地方法	（1）防雷的基本知识	1）雷电及防雷装置 2）建筑物的防雷分类 3）建筑物的防雷措施 4）电涌保护器（SPD）	（1）方法：讲授法、演示法 （2）重点与难点：建筑物的防雷措施	2
			（2）接地的基本知识	1）接地分类 2）接地保护 3）等电位联结	（1）方法：讲授法、演示法 （2）重点与难点：等电位联结	2
6.计算机应用基础	6-1 计算机操作系统知识	（1）计算机基础知识 （2）计算机系统组成 （3）计算机安全使用常识 （4）大数据基础知识 （5）云计算基础知识 （6）人工智能基础知识	计算机操作系统知识	1）计算机概述 ①计算机的发展 ②计算机的特点和分类 2）计算机系统组成 ①计算机硬件系统 ②计算机软件系统 ③计算机的工作原理 ④计算机系统的配置与性能指标 3）计算机安全使用常识 ①计算机病毒概念及特征 ②计算机病毒的分类 ③计算机病毒的防范 4）大数据概述 5）云计算概述 6）人工智能概述	（1）方法：讲授法 （2）重点与难点：计算机系统组成	2

附录

续表

2.1.1 职业基本素质培训要求			2.2.1 职业基本素质培训课程规范			
职业基本素质模块（模块）	培训内容（课程）	培训细目	学习单元	课程内容	培训建议	课堂学时
6.计算机应用基础	6-2 常用计算机操作系统	（1）Windows7操作系统 （2）Windows10操作系统	常用计算机操作系统	1）Windows7操作系统 ①Windows7的运行环境 ②Windows7的基本操作 ③Windows7的资源管理 ④Windows7的控制面板	（1）方法：讲授法、演示法 （2）重点与难点：Windows7、Windows10基本操作	2
				2）Windows10操作系统 ①Windows10的运行环境 ②Windows10的基本操作 ③Windows10的资源管理 ④Windows10的控制面板		
	6-3 计算机网络与通信	（1）计算机网络基础知识 （2）Internet基础	计算机网络与通信	1）计算机网络概述 ①计算机网络的发展 ②计算机网络的定义和分类 ③计算机网络的组成	（1）方法：讲授法、演示法 （2）重点与难点：计算机网络连接方法	3
				2）Internet基础 ①Internet发展概况 ②TCP/IP协议 ③IP地址与域名服务 ④Internet的连接		
7.相关法律、法规知识	相关法律、法规知识	（1）《中华人民共和国劳动合同法》 （2）《中华人民共和国节约能源法》 （3）《中华人民共和国合同法》 （4）《中华人民共和国建筑法》	相关法律、法规知识	1）《中华人民共和国劳动合同法》	（1）方法：讲授法、案例教学法 （2）重点与难点：中华人民共和国节约能源法	1
				2）《中华人民共和国节约能源法》		
				3）《中华人民共和国合同法》		
				4）《中华人民共和国建筑法》		
课堂学时合计						63

附录2　四级/中级职业技能培训要求与课程规范对照表

2.1.2　四级/中级职业技能培训要求				2.2.2　四级/中级职业技能培训课程规范			
职业功能模块（模块）	培训内容（课程）	技能目标	培训细目	学习单元	课程内容	培训建议	课堂学时
1.综合布线系统管理与维护	1-1 接续设备更换	1-1-1 能更换配线架	更换配线架	（1）综合布线系统的基础知识	1）综合布线系统的结构	（1）方法：讲授法、演示法、实训（练习）法 （2）重点与难点：配线架的更换	1
					2）综合布线铜缆系统的主要器材		
				（2）配线架的更换	1）110配线架的更换方法		1
					2）模块配线架的更换方法		
		1-1-2 能更换信息模块	更换信息模块	（3）信息模块的更换	信息模块的更换方法		2
	1-2 缆线端接	1-2-1 能识别铜缆、配线架的标识	识别综合布线系统的图例符号	（1）综合布线系统的图例符号	综合布线系统的图例符号	（1）方法：讲授法、演示法、实训（练习）法 （2）重点与难点：铜缆的端接	2
		1-2-2 能对铜缆进行端接	端接铜缆	（2）铜缆的端接	1）铜缆的端接工具		2
					2）铜缆的端接方法		
	1-3 跳线连接	1-3-1 能制作铜缆跳线	制作铜缆跳线	（1）铜缆跳线的制作	1）线序标准	（1）方法：讲授法、演示法、实训（练习）法 （2）重点：线序标准 （3）难点：RJ45跳线的制作方法	1
					2）RJ45跳线的制作方法		
		1-3-2 能操作铜缆跳线的跳接管理	管理跳线	（2）铜缆跳线的跳接管理	跳线的管理方法		1

附录

续表

2.1.2 四级/中级职业技能培训要求				2.2.2 四级/中级职业技能培训课程规范			
职业功能模块（模块）	培训内容（课程）	技能目标	培训细目	学习单元	课程内容	培训建议	课堂学时
2.火灾自动报警及消防联动控制系统管理与维护	2-1 探测器维护	2-1-1 能检查探测器接线	（1）对火灾探测器进行检测 （2）对火灾探测器进行线路连接	（1）火灾自动报警系统基本知识	1）火灾自动报警系统的基本概念 2）火灾自动报警系统的组成及分类 3）火灾自动报警系统工程识图	（1）方法：讲授法 （2）重点与难点：火灾自动报警系统工程识图	2
				（2）火灾探测器的功能与分类	1）火灾探测器的分类及符号表示 2）常用火灾探测器功能及原理 ①感烟火灾探测器 ②感温火灾探测器 ③感光火灾探测器 ④可燃气体探测器 ⑤复合火灾探测器	（1）方法：讲授法、案例教学法 （2）重点与难点：常用火灾探测器功能及原理	4
				（3）火灾探测器线路连接方式	1）火灾探测器的线制 2）火灾探测器的接线及要求 3）电子编码器的使用	（1）方法：讲授法、案例教学法 （2）重点与难点：火灾探测器的接线及要求	2
				（4）常用火灾探测器的检测方法	1）感烟火灾探测器的检测 2）感温火灾探测器的检测 3）烟温复合火灾探测器的检测 4）可燃气体探测器的检测	（1）方法：讲授法、演示法、案例教学法 （2）重点与难点：感烟火灾探测器的检测	2
		2-1-2 能更换探测器	（1）对火灾探测器进行拆装 （2）对火灾探测器进行读码与编码 （3）对火灾探测器进行功能测试	（5）火灾探测器的更换	1）火灾探测器的拆装方法 2）火灾探测器的拆装要求 3）火灾探测器的读码与编码 4）火灾探测器的更换注意事项	（1）方法：讲授法、演示法 （2）重点与难点：火灾探测器的更换注意事项	2

四级/中级职业技能培训要求与课程规范对照表

续表

2.1.2 四级/中级职业技能培训要求				2.2.2 四级/中级职业技能培训课程规范			
职业功能模块（模块）	培训内容（课程）	技能目标	培训细目	学习单元	课程内容	培训建议	课堂学时
2．火灾自动报警及消防联动控制系统管理与维护	2-2 测控模块维护	2-2-1 能检查测控模块接线	（1）测试测控模块的功能 （2）对测控模块进行线路连接	（1）测控模块的功能及工作原理	1）火灾报警按钮的功能及原理 ①手动火灾报警按钮 ②消火栓按钮	（1）方法：讲授法、演示法 （2）重点与难点：常用测控模块的功能及原理	4
					2）常用测控模块的功能及原理 ①隔离模块 ②输入模块 ③输出模块 ④输入/输出模块		
					3）其他测控模块的功能及原理 ①电话模块 ②广播模块 ③讯响器		
				（2）测控模块的线路连接方式	1）手动火灾报警按钮的线路连接方式	（1）方法：讲授法、演示法 （2）重点与难点：总线隔离器的线路连接方式	2
					2）消火栓按钮的线路连接方式		
					3）总线隔离器的线路连接方式		
					4）输入/输出模块的线路连接方式		
				（3）常用测控模块的检测方法	1）手动火灾报警按钮的检测方法	（1）方法：讲授法、案例教学法 （2）重点与难点：总线隔离器的检测方法	2
					2）消火栓按钮的检测方法		
					3）总线隔离器的检测方法		
					4）输入/输出模块的检测方法		
		2-2-2 能更换测控模块	（1）对测控模块进行拆装 （2）对测控模块进行读码与编码 （3）对测控模块进行功能测试	（4）测控模块更换注意事项	1）测控模块的拆装方法	（1）方法：讲授法、案例教学法 （2）重点与难点：测控模块更换注意事项	2
					2）测控模块的拆装要求		
					3）测控模块的读码与编码		
					4）测控模块的更换注意事项		

附录

续表

2.1.2 四级/中级职业技能培训要求				2.2.2 四级/中级职业技能培训课程规范			
职业功能模块（模块）	培训内容（课程）	技能目标	培训细目	学习单元	课程内容	培训建议	课堂学时
2. 火灾自动报警及消防联动控制系统管理与维护	2-3 消防应急照明及疏散指示标志的维护	2-3-1 能检查消防应急照明及疏散指示标志接线	（1）对消防应急照明及疏散指示标志进行功能测试 （2）对消防应急照明及疏散指示标志进行线路连接	（1）消防应急照明及疏散指示标志的功能及分类	1）消防应急照明及疏散指示标志的功能	（1）方法：讲授法、演示法 （2）重点与难点：消防应急照明及疏散指示标志的功能	2
					2）消防应急照明及疏散指示标志的分类		
				（2）消防应急照明及疏散指示标志的线路连接方式	1）消防应急照明的线路连接方式	（1）方法：讲授法、演示法 （2）重点与难点：消防应急照明的线路连接方式	2
					2）疏散指示标志的线路连接方式		
		2-3-2 能更换消防应急照明及疏散指示标志	（1）通过总线式消防联动控制器切断非消防电源 （2）测试消防应急照明灯具的照度、持续照明时间和应急转换功能 （3）更换消防应急灯具 （4）保养消防应急照明及疏散指示标志	（3）消防应急照明及疏散指示标志的测试	1）消防应急照明的总线连接方式	（1）方法：讲授法、演示法 （2）重点与难点：消防应急照明灯具的照度、持续照明时间和应急转换的功能要求	2
					2）消防应急照明及疏散指示标志的测试方法		
					3）消防应急照明灯具的照度、持续照明时间和应急转换的功能要求		
				（4）消防应急照明及疏散指示标志的维修、保养方法	1）消防应急照明及疏散指示标志的常见故障	（1）方法：讲授法、演示法 （2）重点与难点：消防应急照明及疏散指示标志的常见故障	2
					2）消防应急照明及疏散指示标志的维修、更换、保养方法		

续表

2.1.2 四级／中级职业技能培训要求				2.2.2 四级／中级职业技能培训课程规范			
职业功能模块（模块）	培训内容（课程）	技能目标	培训细目	学习单元	课程内容	培训建议	课堂学时
3. 网络和通信系统管理与维护	3-1 交换机网络连接	3-1-1 能检查小型交换机功能	（1）检查交换机端口管理功能 （2）检查交换机数据处理功能	（1）交换机基本知识	1）交换机概述 ①交换机定义 ②交换机的工作特点 2）交换机的分类 ①根据网络覆盖范围 ②根据传输速度 ③根据应用网络层次 ④根据工作协议层 ⑤根据能否网管 3）交换机的性能指标 ①传输速率 ②应用层级 ③背板带宽 ④包转发率 ⑤端口结构 ⑥MAC地址表	（1）方法：讲授法 （2）重点与难点：交换机的性能指标	2
				（2）交换机的工作原理及功能	1）网络数据格式 2）MAC地址表项 3）网络数据转发 4）交换机端口管理功能 5）交换机数据处理功能	（1）方法：讲授法 （2）重点与难点：网络数据转发	4
		3-1-2 能连接小型交换机	（1）区分交换机端口类型 （2）连接计算机和交换机 （3）连接交换机和交换机	（3）交换机接口类型	1）RJ45接口 2）光纤接口 3）CONSOLE接口	（1）方法：讲授法、实训（练习）法 （2）重点与难点：交换机端口模式	1
				（4）交换机端口模式	1）ACCESS模式 2）TRUNK模式 3）HYBIRD模式		1
				（5）交换机的连接	1）交换机级联 2）交换机堆叠		2
	3-2 有线电视用户分配网的维护	3-2-1 能维护有线电视用户分配网的线路、器材	（1）维护有线电视用户分配网的线路 （2）维护有线电视用户分配网的器材	（1）有线电视用户分配网的线路、器材维护	1）有线电视用户分配网的概念及维护方法 2）同轴电缆、常用器件的规格、类别及功能	（1）方法：讲授法、实训（练习）法 （2）重点与难点：有线电视用户分配网拆装	1
		3-2-2 能更换有线电视用户分配网的线路、器材	（1）更换有线电视用户分配网的线路 （2）更换有线电视用户分配网的器材	（2）有线电视用户分配网的线路、器材更换	有线电视用户分配网拆装注意事项		1

续表

2.1.2 四级/中级职业技能培训要求				2.2.2 四级/中级职业技能培训课程规范			
职业功能模块（模块）	培训内容（课程）	技能目标	培训细目	学习单元	课程内容	培训建议	课堂学时
4.建筑设备监控系统管理与维护	4-1 传感器和执行器的维护与更换	4-1-1 能维护传感器、阀门、执行器	（1）维护传感器 （2）维护阀门 （3）维护执行器	（1）传感器的维护	1）传感器的概念和分类	（1）方法：讲授法、演示法 （2）重点与难点：传感器的维护方法	1
					2）传感器的常用维护方法		
				（2）阀门的维护	1）阀门的概念和分类		1
					2）阀门的常用维护方法		
				（3）执行器的维护	1）执行器的概念和控制方式		2
					2）执行器的常用维护方法		
		4-1-2 能更换传感器、阀门、执行器	（1）更换传感器 （2）更换阀门 （3）更换执行器	（4）传感器的更换	1）传感器的拆装方法	（1）方法：讲授法、演示法 （2）重点与难点：传感器的更换方法	1
					2）传感器的更换注意事项		
				（5）阀门的更换	1）阀门的拆装方法		1
					2）阀门的更换注意事项		
				（6）执行器的更换	1）执行器的拆装方法		2
					2）执行器的更换注意事项		
	4-2 现场控制器的维护与更换	4-2-1 能维护现场控制器	（1）维护直接数字控制器 （2）维护可编程控制器	（1）直接数字控制器的维护	1）楼宇自动控制系统简介	（1）方法：讲授法、演示法 （2）重点与难点：现场控制器的维护方法	4
					2）直接数字控制器基本概述		
					3）直接数字控制器的硬件结构		
					4）直接数字控制器的工作原理		
					5）直接数字控制器的维护		
				（2）可编程控制器的维护	1）可编程控制器的基本概述		4
					2）可编程控制器的硬件结构		
					3）可编程控制器的工作原理		
					4）可编程控制器的维护		

续表

2.1.2 四级/中级职业技能培训要求				2.2.2 四级/中级职业技能培训课程规范			
职业功能模块（模块）	培训内容（课程）	技能目标	培训细目	学习单元	课程内容	培训建议	课堂学时
4. 建筑设备监控系统管理与维护	4-2 现场控制器的维护与更换	4-2-2 能更换现场控制器	(1) 更换直接数字控制器 (2) 更换可编程控制器	(3) 直接数字控制器的更换	1) 直接数字控制器的安装 2) 直接数字控制器的更换注意事项 3) 直接数字控制器的检查和测控	(1) 方法：讲授法、演示法 (2) 重点与难点：现场控制器的更换方法	2
				(4) 可编程控制器的更换	1) 可编程控制器的安装 2) 可编程控制器的更换注意事项 3) 可编程控制器的检查和测控		2
	4-3 中央控制站的运行管理	4-3-1 能操作中央控制站	操作中央控制站	(1) 中央控制站的基本操作	1) 运行系统的登录和退出 2) 运行界面的操作 3) 运行界面的参数设置 4) 运行值班记录的填写	(1) 方法：讲授法、演示法 (2) 重点与难点：中央控制站的操作方法	2
		4-3-2 能处理中央控制站的信息	识读中央控制站运行界面	(2) 中央控制站的运行界面识读	1) 运行界面图标介绍 2) 运行界面的识读与处理	(1) 方法：讲授法、演示法 (2) 重点与难点：中央控制站的界面识读方法	2
5. 安全防范系统管理与维护	5-1 视频监控系统前端设备及传输系统的维护与更换	5-1-1 能维护和更换视频监控的前端设备	(1) 认知视频监控系统前端设备 (2) 维护和更换视频监控前端设备	(1) 视频监控系统基本知识	1) 视频监控系统基本知识 ①视频监控系统组成 ②视频监控系统的性能和参数 ③视频监控系统图例符号 2) 视频监控系统前端设备认知 ①摄像机 ②云台 ③防护罩与支架 ④解码器	(1) 方法：讲授法、演示法 (2) 重点与难点：视频监控系统前端设备及其维护和更换方法	2
				(2) 视频监控前端设备的维护和更换	1) 摄像机的维护和更换 2) 云台的维护和更换 3) 防护罩与支架的维护和更换 4) 解码器的维护和更换		2

附录

续表

2.1.2 四级/中级职业技能培训要求				2.2.2 四级/中级职业技能培训课程规范			
职业功能模块（模块）	培训内容（课程）	技能目标	培训细目	学习单元	课程内容	培训建议	课堂学时
5.安全防范系统管理与维护	5-1 视频监控系统前端设备及传输系统的维护与更换	5-1-2 能检查和更换视频监控传输线路	(1) 认知视频监控传输系统设备 (2) 维护视频监控传输线路 (3) 更换视频监控系统线路	(3) 视频监控传输设备及其线路的维护和更换	1) 视频监控传输系统设备 ①信号传输基本原理 ②传输接口 ③传输线缆 ④无线传输 2) 视频监控系统传输线路常用连接方法 3) 视频监控系统传输线路的日常维护 4) 视频监控系统传输线路的更换	(1) 方法：讲授法、演示法 (2) 重点与难点：视频监控系统传输线路的维护和更换方法	4
	5-2 入侵报警系统前端设备及传输系统的维护与更换	5-2-1 能维护和更换入侵报警系统部件	(1) 认知常见入侵探测器 (2) 维护入侵报警系统前端设备 (3) 更换入侵报警系统前端设备	(1) 入侵报警系统基本知识	1) 入侵报警系统基本知识 ①入侵报警系统组成 ②入侵报警探测器的分类 ③入侵报警探测器性能指标 ④入侵报警系统图例符号 2) 常见入侵探测器认知 ①点控制型探测器 ②线控制型探测器 ③面控制型探测器 ④空间控制型探测器	(1) 方法：讲授法、演示法 (2) 重点与难点：入侵报警探测器及其维护、更换方法	2
				(2) 入侵报警系统前端设备的维护及更换	1) 入侵报警系统前端设备的维护 2) 入侵报警系统前端设备的更换		2

续表

2.1.2 四级/中级职业技能培训要求				2.2.2 四级/中级职业技能培训课程规范			
职业功能模块（模块）	培训内容（课程）	技能目标	培训细目	学习单元	课程内容	培训建议	课堂学时
5.安全防范系统管理与维护	5-2 入侵报警系统前端设备及传输系统的维护与更换	5-2-2 能检查和更换入侵报警系统传输线路	（1）认知入侵报警系统信号传输模式 （2）维护入侵报警系统传输线路 （3）更换入侵报警系统传输线路	（3）入侵报警系统传输模式及传输线路的维护和更换	1）入侵报警系统的信号传输模式认知 ①总线制 ②分线制 ③无线制 ④公共网络 2）入侵报警系统传输线路的日常维护 3）入侵报警系统传输线路的更换 4）入侵报警系统拆装注意事项	（1）方法：讲授法、演示法 （2）重点与难点：入侵报警系统传输线路的维护和更换方法	3
	5-3 门禁管理系统用户端设备的维护与更换	5-3-1 能维护和更换门禁系统部件及线路	（1）认知门禁管理系统用户端设备 （2）维护门禁管理系统用户端设备 （3）更换门禁管理系统用户端设备 （4）认知门禁管理系统的信号传输模式 （5）维护门禁管理系统传输线路 （6）更换门禁管理系统传输线路	（1）门禁管理系统基本知识	1）门禁管理系统基本知识 ①门禁管理系统组成 ②门禁管理系统的分类 ③门禁管理系统的性能和参数 ④门禁管理系统图例符号 2）门禁管理系统用户端设备认知 ①读卡器 ②电子门锁	（1）方法：讲授法、演示法 （2）重点与难点：门禁管理系统用户端设备维护和更换方法、门禁管理系统传输线路维护和更换方法	2
				（2）门禁管理系统用户端设备及传输线路的维护和更换	1）门禁管理系统用户端设备的维护 2）门禁管理系统用户端设备的更换 3）门禁管理系统的信号传输模式 4）门禁管理系统传输线路的日常维护 5）门禁管理系统传输线路的更换		3

续表

2.1.2 四级/中级职业技能培训要求				2.2.2 四级/中级职业技能培训课程规范			
职业功能模块（模块）	培训内容（课程）	技能目标	培训细目	学习单元	课程内容	培训建议	课堂学时
5.安全防范系统管理与维护	5-3 门禁管理系统用户端设备的维护与更换	5-3-2 能维护和更换可视对讲系统部件及线路	（1）认知可视对讲系统用户端设备 （2）维护可视对讲系统用户端设备 （3）更换可视对讲系统用户端设备 （4）维护可视对讲系统传输线路 （5）更换可视对讲系统传输线路	（3）可视对讲系统设备及传输线路的维护和更换	1）可视对讲系统基本知识 ①可视对讲系统组成 ②可视对讲系统的功能 ③可视对讲系统的分类	（1）方法：讲授法、演示法 （2）重点与难点：可视对讲系统用户端设备维护和更换方法、可视对讲系统传输线路维护和更换方法	4
					2）可视对讲系统用户端设备认知 ①门口机 ②室内住户机		
					3）可视对讲系统用户端设备的维护		
					4）可视对讲系统用户端设备的更换		
					5）可视对讲系统传输线路的日常维护		
					6）可视对讲系统传输线路的连接		
6.会议、广播和多媒体显示系统管理与维护	6-1 会议系统运行与维护	6-1-1 能连接会议系统线路	（1）认知数字会议系统组成 （2）认知模拟会议系统组成 （3）会议系统有线连接 （4）会议系统无线连接	（1）会议系统分类与组成	1）数字会议系统基本组成 ①数字IP会议系统基本组成 ②多媒体视频会议系统组成 ③同声传译系统组成	（1）方法：讲授法 （2）重点与难点：数字会议系统组成	2
					2）模拟会议系统基本组成		
				（2）会议系统连接	1）会议系统各子系统连接 ①网络子系统的连接 ②发言子系统的连接 ③扩声音响子系统的连接 ④投影显示子系统的连接 ⑤摄录子系统的连接 ⑥灯光子系统的连接 ⑦中央控制子系统的连接	（1）方法：讲授法、案例教学法 （2）重点与难点：会议系统各子系统连接	2
					2）会议系统基本通信模式 ①有线模式 ②无线模式		
		6-1-2 能维护会议系统	（1）会议系统基本校验与配置 （2）会议系统运行操作	（3）会议系统基本校验与配置及运行操作	1）会议系统基本校验与配置 ①发言子系统校验与配置 ②扩声音响子系统校验与配置 ③投影显示子系统校验与配置 ④摄录子系统校验与配置 ⑤灯光子系统校验与配置 ⑥会议中控子系统配置 ⑦网络子系统配置	（1）方法：讲授法、案例教学法 （2）重点与难点：会议系统配置与运行操作	2
					2）会议系统运行操作 ①发言子系统操作方法 ②扩声音响子系统操作方法 ③投影显示子系统操作方法 ④摄录子系统操作方法 ⑤会议中控子系统操作方法		

续表

2.1.2 四级／中级职业技能培训要求				2.2.2 四级／中级职业技能培训课程规范			
职业功能模块（模块）	培训内容（课程）	技能目标	培训细目	学习单元	课程内容	培训建议	课堂学时
6. 会议、广播和多媒体显示系统管理与维护	6-1 会议系统运行与维护	6-1-2 能维护会议系统	（3）会议系统硬件设备维护（4）会议系统软件维护（5）会议系统网络维护	（4）会议系统基本维护	1) 会议系统硬件设备基本维护方法 ①会议中控设备基本维护方法（如调音台、功放、麦克风、中控主机等）②会议其他子系统硬件设备基本维护方法 2) 会议系统软件基本维护方法 3) 会议系统网络基本维护方法	（1）方法：讲授法、案例教学法（2）重点与难点：会议系统软硬件的维护	2
	6-2 广播系统运行与维护	6-2-1 能连接广播系统线路	（1）认知广播系统分类与组成（2）模拟广播系统连接（3）数字IP网络广播系统连接	（1）广播系统分类与组成	1) 模拟广播系统组成 2) 数字IP网络广播系统组成 ①网络部分组成 ②硬件部分组成 ③软件部分组成	（1）方法：讲授法（2）重点与难点：数字IP网络广播系统组成	2
				（2）广播系统连接方式	1) 模拟广播系统连接方式	（1）方法：讲授法、案例教学法（2）重点与难点：数字IP网络广播系统连接方式	1
					2) 数字IP网络广播系统连接方式		
		6-2-2 能维护广播系统	（1）广播系统校验与配置（2）广播系统运行操作（3）广播系统硬件设备的基本维护（4）广播系统软件系统的维护（5）广播系统传输线路的维护	（3）广播系统校验与配置及运行操作	1) 广播系统校验与配置 ①扬声器与功率放大器的校验与配接 ②扬声器校验与配置（功率选型、功率分区、信号分区、逻辑分区等）③主服务器配置 ④系统软件配置 2) 广播系统运行操作 ①公共广播运行操作方法 ②应急广播运行操作方法	（1）方法：讲授法、案例教学法（2）重点与难点：广播系统校验与配置	2
				（4）广播系统基本维护	1) 广播系统硬件设备的基本维护	（1）方法：讲授法（2）重点与难点：广播系统硬件设备的基本维护	1
					2) 广播系统软件系统的维护		
					3) 广播系统传输线路的维护		

附录

续表

2.1.2 四级/中级职业技能培训要求				2.2.2 四级/中级职业技能培训课程规范			
职业功能模块（模块）	培训内容（课程）	技能目标	培训细目	学习单元	课程内容	培训建议	课堂学时
6.会议、广播和多媒体显示系统管理与维护	6-3 多媒体显示系统运行与维护	6-3-1 能连接多媒体显示系统线路	(1) 认知多媒体显示系统组成 (2) 连接B/S结构多媒体显示系统线路 (3) 连接C/S结构多媒体显示系统线路 (4) 连接单机型多媒体显示系统线路 (5) 连接复合型多媒体显示系统线路	(1) 多媒体显示系统分类与组成	1) B/S结构多媒体显示系统组成 2) C/S结构多媒体显示系统组成 3) 单机型多媒体显示系统组成 4) 复合型多媒体显示系统组成 ①网络部分 ②硬件部分 ③软件部分	(1) 方法：讲授法、案例教学法 (2) 重点与难点：复合型多媒体显示系统组成	2
				(2) 多媒体显示系统线路连接方式	1) B/S结构多媒体显示系统线路连接方式 2) C/S结构多媒体显示系统线路连接方式 3) 单机型多媒体显示系统线路连接方式 4) 复合型多媒体显示系统线路连接方式	(1) 方法：讲授法 (2) 重点与难点：复合型多媒体显示系统线路连接方式	2
		6-3-2 能维护多媒体显示系统	(1) 认知多媒体显示系统配置 (2) 维护多媒体显示系统	(3) 多媒体显示系统配置与维护	1) 多媒体显示系统配置 ①中心控制软硬件系统配置 ②终端显示软硬件系统配置 ③网络系统配置 2) 多媒体显示系统维护 ①中心控制软硬件系统维护 ②终端显示软硬件系统维护 ③网络系统维护	(1) 方法：讲授法、案例教学法 (2) 重点与难点：中心控制系统配置、终端显示系统维护	4
课堂学时合计							122

附录3　三级／高级职业技能培训要求与课程规范对照表

2.1.3 三级／高级职业技能培训要求				2.2.3 三级／高级职业技能培训课程规范			
职业功能模块（模块）	培训内容（课程）	技能目标	培训细目	学习单元	课程内容	培训建议	课堂学时
1．综合布线系统管理与维护	1-1 光纤处理	1-1-1 能进行光纤的熔接	熔接光纤	（1）光纤的基本概念	1）光纤的结构和分类	（1）方法：讲授法、演示法、实训（练习）法 （2）重点与难点：光纤的熔接方法	1
					2）光纤的连接器件		1
				（2）光纤的熔接方法	光纤的熔接方法		1
		1-1-2 能制作光纤的跳线	制作光纤跳线	（3）光纤跳线的制作	光纤跳线的制作方法		1
	1-2 连通性能测试	1-2-1 能测试铜缆连通性能	测试铜缆布线系统的性能	（1）铜缆布线系统的性能	1）铜缆布线系统的等级	（1）方法：讲授法、演示法、实训（练习）法 （2）重点与难点：铜缆连通性的测试方法	1
					2）铜缆布线系统的测试参数		
					3）铜缆测试常用仪器		
					4）测试方法		
		1-2-2 能测试光纤连通性能	测试光纤布线系统的性能	（2）光纤布线系统的性能	1）光纤布线系统的等级		1
					2）光纤布线系统的测试参数		
					3）光纤测试常用仪器		
					4）测试方法		
		1-2-3 能识读测试记录	识读测试记录	（3）识读铜缆及光纤布线系统的测试记录	1）铜缆布线系统的性能指标		1
					2）光纤布线系统的性能指标		
					3）测试中常见问题及解决方法		
2．火灾自动报警及消防联动控制系统检修与保养	2-1 探测器检修	2-1-1 能识别探测器故障	（1）识读火灾探测器故障报警信息 （2）对火灾探测器进行检测及故障分析 （3）对火灾探测器故障地址码进行整定	（1）火灾探测器的设置和选择	1）火灾探测器的设置和布局	（1）方法：讲授法 （2）重点与难点：火灾探测器的设置和布局	2
					2）火灾探测器的选择		
					3）火灾探测器故障报警信息的识读		
				（2）火灾探测器的检测及故障分析	1）火灾探测器的检测	（1）方法：讲授法、案例教学法 （2）重点与难点：火灾探测器的故障分析	2
					2）火灾探测器的故障分析		
				（3）火灾探测器的地址码整定	火灾探测器的地址码整定	（1）方法：讲授法、案例教学法 （2）重点与难点：火灾探测器的地址码整定	2

续表

2.1.3 三级/高级职业技能培训要求				2.2.3 三级/高级职业技能培训课程规范			
职业功能模块（模块）	培训内容（课程）	技能目标	培训细目	学习单元	课程内容	培训建议	课堂学时
2.火灾自动报警及消防联动控制系统检修与保养	2-1 探测器检修	2-1-2 能检修探测器连接线路	（1）区别不同功能的线路（2）修复与敷设火灾探测器的线路	（4）区别不同功能的线路	1）信号总线 2）控制总线 3）广播线 4）电话线 5）直启线 6）485通信总线	（1）方法：讲授法、演示法、案例教学法（2）重点与难点：485通信总线	2
				（5）线路修复与敷设	1）线路修复 2）线路敷设	（1）方法：讲授法、演示法（2）重点与难点：线路修复	2
	2-2 测控模块检修	2-2-1 能识别测控模块故障	对测控模块进行故障分析	（1）测控模块故障分析	1）测控模块常见故障 2）测控模块故障排除方法	（1）方法：讲授法、演示法（2）重点与难点：测控模块故障排除方法	2
		2-2-2 能检修测控模块连接线路	（1）检修测控模块的连接线路（2）修复与敷设测控模块的线路	（2）测控模块连接线路检修方法	1）手动火灾报警按钮的连接线路检修方法 2）消火栓按钮的连接线路检修方法 3）总线隔离器的连接线路检修方法 4）输入/输出模块的连接线路检修方法	（1）方法：讲授法、演示法（2）重点与难点：总线隔离器的连接线路检修方法	2
				（3）线路修复与敷设	1）线路修复 2）线路敷设	（1）方法：讲授法、演示法（2）重点与难点：线路修复	2

续表

2.1.3 三级/高级职业技能培训要求					2.2.3 三级/高级职业技能培训课程规范			
职业功能模块（模块）	培训内容（课程）	技能目标	培训细目	学习单元	课程内容	培训建议	课堂学时
2.火灾自动报警及消防联动控制系统检修与保养	2-3 消防设备设施巡查	2-3-1 能巡查消防设备设施状态	（1）对消防设施设备进行巡检 （2）处理报警信息	（1）消防主要联动设备的基本原理	1）火灾报警控制器的类型、功能及组成 2）自动喷水灭火系统的基本工作原理 3）防排烟系统的基本工作原理 4）电气火灾监控和可燃气体探测报警等预警系统的基本工作原理 5）其他消防设施的基本工作原理 ①消防电话系统 ②消防应急广播 ③防火卷帘及防火门 ④消防电梯	（1）方法：讲授法、演示法 （2）重点与难点：火灾报警控制器的类型、功能及组成	2
				（2）消防设施设备巡检	1）火灾自动报警系统工作状态的判断方法 2）自动喷水灭火系统工作状态的判断方法 3）防排烟系统工作状态的判断方法 4）电气火灾监控和可燃气体探测报警等预警系统工作状态的判断方法 5）防火卷帘及防火门工作状态的判断方法	（1）方法：讲授法、案例教学法 （2）重点与难点：火灾自动报警系统工作状态的判断方法	2
				（3）报警信息处理	1）火灾报警紧急处理程序 2）火灾报警控制器的报警功能和信息查询方法 3）火警误报、故障报警、监管报警的处理方法 4）消防应急广播的处理方法 5）火警电话的拨打方法及内容	（1）方法：讲授法、案例教学法 （2）重点与难点：火灾报警控制器的报警功能和信息查询方法	2
		2-3-2 能检测消防联动功能	（1）检测消防联动功能	（4）消防联动设备的基本原理及功能检测	1）消防联动设备的基本原理 2）火灾报警控制器查询火警及历史信息的方法 3）火灾报警控制器、消防联动控制器工作状态切换 4）总线式消防联动控制器的手动操作方法 5）消防联动控制器直接手动控制单元的操作方法	（1）方法：讲授法、演示法、案例教学法 （2）重点与难点：总线式消防联动控制器的手动操作方法	2

续表

2.1.3 三级/高级职业技能培训要求				2.2.3 三级/高级职业技能培训课程规范			
职业功能模块（模块）	培训内容（课程）	技能目标	培训细目	学习单元	课程内容	培训建议	课堂学时
2. 火灾自动报警及消防联动控制系统检修与保养	2-3 消防设备设施巡查	2-3-2 能检测消防联动功能	（2）连接测控模块与联动设备	（5）测控模块与联动设备连接方式	1）总线隔离器与联动设备的连接方法	（1）方法：讲授法、演示法 （2）重点与难点：总线隔离器与联动设备的连接方法	2
					2）输入/输出模块与联动设备的连接方法		
3. 网络和通信系统管理与维护	3-1 计算机网络组网	3-1-1 能选择网络设备	（1）选择网络交换机 （2）选择网络路由器 （3）选择无线网络设备 （4）选择网络安全设备	（1）计算机网络组成原理	1）计算机网络概述 ①计算机网络定义 ②计算机网络组成 ③计算机网络拓扑	（1）方法：讲授法 （2）重点与难点：网络体系结构、IP地址的分类	4
					2）计算机网络体系结构		
					3）网络IP地址分类		
					4）常见网络协议		
				（2）有线网络设备	1）传输线路	（1）方法：讲授法、案例教学法 （2）重点与难点：交换机和路由器的性能	2
					2）网络交换机		
					3）网络路由器		
				（3）无线网络设备	1）无线AP	（1）方法：讲授法、案例教学法 （2）重点与难点：AP和AC的性能	2
					2）无线AC		
				（4）网络安全设备	1）网络防火墙	（1）方法：讲授法、案例教学法 （2）重点与难点：网络安全设备的作用	2
					2）IDS入侵检测系统		
					3）IPS入侵防御系统		
					4）漏洞扫描设备		
					5）安全隔离网闸		
					6）VPN设备		
					7）流量监控设备		
					8）防病毒网关		
					9）WEB应用防护系统		
					10）安全审计系统		

续表

2.1.3 三级/高级职业技能培训要求				2.2.3 三级/高级职业技能培训课程规范			
职业功能模块（模块）	培训内容（课程）	技能目标	培训细目	学习单元	课程内容	培训建议	课堂学时
3．网络和通信系统管理与维护	3-1 计算机网络组网	3-1-2 能组建计算机网络	（1）规划设计有线网络（2）组建有线网络配置有线设备（3）规划设计无线网络（4）组建无线网络配置无线设备	（5）网络的规划设计	1）网络设备管理规划	（1）方法：讲授法、案例教学法（2）重点与难点：IP地址的管理规划	2
					2）IP地址的管理规划		
				（6）网络设备的配置管理	1）主机的配置管理	（1）方法：讲授法、案例教学法（2）重点与难点：交换机和路由器的配置管理	4
					2）交换机的配置管理		
					3）路由器的配置管理		
					4）网络的连接测试		
				（7）无线网络概念及组成	1）无线网络概念	（1）方法：讲授法（2）重点与难点：无线网协议标准	2
					2）无线网络协议标准		
					3）无线网络组成①有固定基础设施网络②自组网络		
				（8）无线网组网配置	1）无线终端配置管理	（1）方法：讲授法、案例教学法（2）重点与难点：AP和AC的配置	4
					2）无线AP配置管理		
					3）无线AC配置管理		
	3-2 有线电视用户分配网测试和管理	3-2-1 能测试有线电视用户分配网性能	（1）规划并设计有线电视用户分配网（2）测试有线电视用户分配网	（1）有线电视用户分配网性能测试	1）分配网设计原则	（1）方法：讲授法、案例教学法（2）重点与难点：有线电视用户分配网测试方法	4
					2）选择分配网线路		
					3）选择有源器件位置		
					4）设计分配网并进行指标验算		
					5）有线电视用户分配网测试方法		

续表

2.1.3 三级/高级职业技能培训要求					2.2.3 三级/高级职业技能培训课程规范			
职业功能模块（模块）	培训内容（课程）	技能目标	培训细目	学习单元	课程内容	培训建议	课堂学时
3.网络和通信系统管理与维护	3-2 有线电视用户分配网测试和管理	3-2-2 能检修有线电视用户分配网	检修有线电视用户分配网	（2）有线电视用户分配网检修	1）有线电视用户分配网维护思路与解决方法	（1）方法：讲授法、案例教学法（2）重点与难点：有线电视用户分配网维护思路与解决方法	4
					2）分配网维修案例分析		
4.建筑设备监控系统管理与维护	4-1 传感器和执行器测试与检修	4-1-1 能测试传感器、阀门、执行器功能	（1）测试传感器功能（2）测试阀门功能（3）测试执行器功能	（1）传感器的功能测试	1）传感器的工作原理	（1）方法：讲授法、演示法（2）重点与难点：传感器的测试方法	1
					2）传感器的基本特性		
					3）传感器的测试		
				（2）阀门的功能测试	1）阀门的工作原理		1
					2）调节阀的基本特性		
					3）阀门的测试		
				（3）执行器的功能测试	1）电动执行器的工作原理		2
					2）执行器的特性分析		
					3）电动执行器的测试和校正		
		4-1-2 能检修传感器、阀门、执行器常见故障	（1）检修传感器常见故障（2）检修阀门常见故障（3）检修执行器常见故障	（4）传感器的故障检修	1）传感器的常见故障	（1）方法：讲授法、演示法（2）重点与难点：传感器的故障检修方法	1
					2）传感器的故障检修方法		
				（5）阀门的故障检修	1）阀门的常见故障		1
					2）阀门的故障检修方法		
				（6）执行器的故障检修	1）执行器的常见故障		2
					2）执行器的故障检修方法		

续表

2.1.3 三级/高级职业技能培训要求					2.2.3 三级/高级职业技能培训课程规范			
职业功能模块（模块）	培训内容（课程）	技能目标	培训细目	学习单元	课程内容	培训建议	课堂学时
4．建筑设备监控系统管理与维护	4-2 现场控制器测试与检修	4-2-1 能测试现场控制器功能	（1）测试直接数字控制器功能 （2）测试可编程控制器功能	（1）直接数字控制器的功能测试	1）直接数字控制器I/O接口的测试 2）直接数字控制器强制功能的测试 3）直接数字控制器定时功能的测试 4）直接数字控制器通信端口的测试	（1）方法：讲授法、演示法 （2）重点与难点：现场控制器I/O接口的测试方法	2
				（2）可编程控制器的功能测试	1）可编程控制器I/O接口的测试 2）可编程控制器强制功能的测试 3）可编程控制器运行参数的测试 4）可编程控制器通信端口的测试		2
		4-2-2 能检修现场控制器常见故障	（1）检修直接数字控制器常见故障 （2）检修可编程控制器常见故障	（3）直接数字控制器的故障检修	1）直接数字控制器的常见故障 2）直接数字控制器故障排查	（1）方法：讲授法、演示法 （2）重点与难点：现场控制器的常见故障及排查方法	2
				（4）可编程控制器的故障检修	1）可编程控制器的常见故障 2）可编程控制器故障排查		2
5．安全防范系统管理与维护	5-1 视频监控系统测试与检修	5-1-1 能测试视频监控系统设备功能	（1）认知视频监控系统显示设备 （2）认知视频信号处理设备 （3）认知视频记录设备 （4）测试视频监控系统设备功能	（1）视频监控系统设备功能测试	1）视频监控系统显示设备的原理 ①液晶监视器 ②全高清监视器 ③拼接电视墙 2）视频信号处理设备的原理 ①视频切换器 ②视频分配器 3）视频记录设备的原理 ①模拟视频记录设备 ②数字视频记录设备 4）视频监控系统设备功能测试	（1）方法：讲授法、演示法、实训（练习）法 （2）重点与难点：视频监控系统设备原理、视频监控系统设备功能测试	4

续表

2.1.3 三级/高级职业技能培训要求				2.2.3 三级/高级职业技能培训课程规范			
职业功能模块（模块）	培训内容（课程）	技能目标	培训细目	学习单元	课程内容	培训建议	课堂学时
5．安全防范系统管理与维护	5-1 视频监控系统测试与检修	5-1-2 能检修视频监控传输线路	（1）认知视频监控系统线路常见故障 （2）检修视频监控传输线路	（2）视频监控系统传输线路的检修	1）视频监控系统线路的常见问题	（1）方法：讲授法、演示法、实训（练习）法 （2）重点与难点：视频监控系统传输线路的日常检修	2
					2）视频监控系统传输线路的日常检修		
	5-2 入侵报警系统测试与检修	5-2-1 能测试入侵报警系统设备功能	（1）认知入侵报警控制器 （2）测试入侵报警控制器功能	（1）入侵报警系统设备原理及控制器功能测试	1）入侵报警控制器认知 ①入侵报警控制器的组成及功能 ②入侵报警控制器的分类 ③报警控制器的防区布防类型	（1）方法：讲授法、演示法、实训（练习）法 （2）重点与难点：报警控制器原理及功能测试	4
					2）入侵报警控制器功能测试		
		5-2-2 能测试入侵报警联动功能	测试入侵报警联动功能	（2）入侵报警系统联动功能测试	入侵报警系统联动功能测试及应用	（1）方法：演示法、实训（练习）法 （2）重点与难点：入侵报警系统功能测试	2
		5-2-3 能检修入侵报警传输线路	（1）认知入侵报警系统线路常见故障 （2）检修入侵报警系统传输线路	（3）入侵报警系统传输线路的检修	1）入侵报警系统线路的常见问题	（1）方法：讲授法、演示法、实训（练习）法 （2）重点与难点：入侵报警系统传输线路的日常检修	2
					2）入侵报警系统传输线路的日常检修		
	5-3 门禁系统测试与检修	5-3-1 能测试门禁系统设备功能	（1）认知门禁控制器 （2）测试门禁控制器功能	（1）门禁系统设备原理及控制器功能测试	1）门禁控制器认知 ①门禁控制器的组成及功能 ②门禁控制器的分类 ③通信转换器的功能	（1）方法：讲授法、演示法、实训（练习）法 （2）重点与难点：门禁控制器原理及功能测试	4
					2）门禁控制器功能测试		

续表

2.1.3 三级/高级职业技能培训要求				2.2.3 三级/高级职业技能培训课程规范			
职业功能模块（模块）	培训内容（课程）	技能目标	培训细目	学习单元	课程内容	培训建议	课堂学时
5. 安全防范系统管理与维护	5-3 门禁系统测试与检修	5-3-2 能检修门禁系统传输线路	（1）测试门禁系统联动功能 （2）认知门禁系统线路常见故障 （3）检修门禁系统传输线路	（2）门禁系统联动功能测试	门禁系统联动功能测试及应用	（1）方法：讲授法、演示法、实训（练习）法 （2）重点与难点：门禁系统功能测试、门禁系统传输线路的日常检修	1
				（3）门禁系统传输线路的检修	1）门禁系统线路的常见问题		1
					2）门禁系统传输线路的日常检修		
		5-3-3 能调试和检修可视对讲系统	（1）认知管理机的功能及应用 （2）认知楼层分配器的功能及应用 （3）认知联网控制器的功能及应用 （4）认知可视对讲系统线路常见故障 （5）检修可视对讲系统传输线路	（4）可视对讲系统设备工作原理	1）管理机的功能及应用	（1）方法：讲授法、演示法、实训（练习）法 （2）重点与难点：管理机的功能、可视对讲系统传输线路的日常检修	1
					2）楼层分配器的功能及应用		
					3）联网控制器的功能及应用		
				（5）可视对讲系统传输线路的检修	1）可视对讲系统线路的常见问题		1
					2）可视对讲系统传输线路的日常检修		
	5-4 停车场管理系统维护	5-4-1 能维护停车场管理系统检测设备	（1）认知停车场管理系统 （2）维护停车场管理系统检测设备	（1）停车场管理系统检测设备的维护	1）停车场管理系统概述 ①停车场管理系统的组成 ②停车场管理系统的功能	（1）方法：讲授法、演示法、实训（练习）法 （2）重点与难点：停车场管理系统检测设备的分类及性能	2
					2）停车场管理系统检测设备 ①停车场管理系统检测设备的分类 ②停车场管理系统检测设备的性能		
		5-4-2 能维护停车场管理系统控制设备	维护停车场管理系统控制设备	（2）停车场管理系统控制设备的维护	停车场管理系统控制设备 ①停车场管理系统控制设备的分类 ②停车场管理系统控制设备的性能	（1）方法：讲授法、演示法、实训（练习）法 （2）重点与难点：停车场管理系统控制设备的分类及性能	2

续表

2.1.3 三级/高级职业技能培训要求				2.2.3 三级/高级职业技能培训课程规范			
职业功能模块（模块）	培训内容（课程）	技能目标	培训细目	学习单元	课程内容	培训建议	课堂学时
6.会议、广播和多媒体显示系统管理与维护	6-1 会议系统测试与检修	6-1-1 能测试会议系统功能	（1）认知会议系统基本设备工作性能及特点 （2）测试会议系统性能并记录	（1）会议系统工作原理及设备性能	1）会议系统基本工作原理 2）会议系统设备性能 ①发言子系统设备及性能 ②扩声子系统设备及性能 ③显示子系统设备及性能 ④摄录子系统设备及性能 ⑤灯光子系统设备及性能 ⑥会议中控系统设备及性能 ⑦网络子系统设备及性能	（1）方法：讲授法、案例教学法 （2）重点与难点：会议中控系统设备及性能	4
				（2）会议系统测试方法及记录日志	1）会议系统设备性能测试方法 2）会议系统通信及线路测试方法 3）会议系统音频信号测试方法 4）会议系统测试记录日志方法	（1）方法：讲授法、案例教学法 （2）重点与难点：会议系统设备性能测试方法	2
		6-1-2 能检修会议系统故障	（1）认知会议系统常见故障 （2）检修会议系统故障	（3）会议系统常见故障	1）会议系统设备常见故障类型 2）会议系统通信及线路常见故障 3）会议系统电源常见故障 4）会议系统音频信号常见故障	（1）方法：讲授法、案例教学法 （2）重点与难点：会议系统音频信号常见故障	2
				（4）会议系统检修	1）会议系统设备检修方法 2）会议系统通信及线路检修方法 3）会议系统电源检修方法 4）会议系统音频信号衰减检修方法	（1）方法：讲授法、案例教学法 （2）重点与难点：会议系统音频信号衰减检修方法	2

续表

2.1.3 三级/高级职业技能培训要求					2.2.3 三级/高级职业技能培训课程规范			
职业功能模块（模块）	培训内容（课程）	技能目标	培训细目	学习单元	课程内容	培训建议	课堂学时
6. 会议、广播和多媒体显示系统管理与维护	6-2 广播系统测试与检修	6-2-1 能测试广播系统功能	（1）认知广播系统基本设备性能及特点 （2）测试广播系统性能并记录	（1）广播系统工作原理及设备性能	1）广播系统基本工作原理 2）IP数字网络广播系统设备及性能（广播控制中心设备、IP网络适配器、音频工作站等）	（1）方法：讲授法、案例教学法 （2）重点与难点：IP数字网络广播系统主要设备及性能	2
				（2）广播系统测试	1）广播系统设备性能测试方法 2）广播系统通信及线路测试方法 3）广播系统电源测试方法 4）广播系统音频信号测试方法	（1）方法：讲授法、案例教学法 （2）重点与难点：广播系统设备性能测试	2
				（3）广播系统电声性能测量	广播系统主要电声性能测量 ①测量点选择 ②声场不均匀度测量 ③传输频率特性测量 ④漏出声衰减测量 ⑤系统设备信噪比测量 ⑥应备声压级测量 ⑦扩声系统语言传输指数测量	（1）方法：讲授法、案例教学法 （2）重点与难点：扩声系统语言传输指数测量	2
		6-2-2 能检修广播系统故障	（1）认知广播系统常见故障 （2）检修广播系统故障	（4）广播系统常见故障	1）广播系统设备常见故障类型 2）广播系统通信及线路常见故障 3）广播系统电源常见故障 4）广播系统音频信号常见故障	（1）方法：讲授法、案例教学法 （2）重点与难点：广播系统音频信号常见故障	2
				（5）广播系统检修	1）广播系统设备检修 2）广播系统通信及线路检修 3）广播系统电源检修 4）广播系统音频信号衰减检修	（1）方法：讲授法、案例教学法 （2）重点与难点：广播系统音频信号衰减检修	2

续表

2.1.3 三级/高级职业技能培训要求				2.2.3 三级/高级职业技能培训课程规范			
职业功能模块（模块）	培训内容（课程）	技能目标	培训细目	学习单元	课程内容	培训建议	课堂学时
6．会议、广播和多媒体显示系统管理与维护	6-3 多媒体显示系统测试与检修	6-3-1 能测试多媒体显示系统功能	(1) 认知多媒体显示系统设备性能及特点 (2) 测试多媒体显示系统性能	(1) 多媒体显示系统工作原理及设备性能	1) 多媒体显示系统工作原理 ① B/S结构多媒体显示系统工作模式 ② C/S结构多媒体显示系统工作模式 2) 多媒体显示系统主要设备性能	(1) 方法：讲授法、案例教学法 (2) 重点与难点：多媒体显示系统主要设备性能	2
				(2) 多媒体显示系统测试	1) 多媒体显示系统设备及大屏性能测试 2) 多媒体显示系统通信及线路测试 3) 多媒体显示系统电源测试 4) 多媒体显示系统绝缘电阻、接地电阻测量	(1) 方法：讲授法、案例教学法 (2) 重点与难点：多媒体显示系统设备及大屏性能测试	2
		6-3-2 能检修多媒体显示系统故障	(1) 认知多媒体显示系统常见故障 (2) 检修多媒体显示系统故障	(3) 多媒体显示系统常见故障类型	1) 多媒体显示系统设备及大屏常见故障 2) 多媒体显示系统通信及线路常见故障 3) 多媒体显示系统电源常见故障	(1) 方法：讲授法、案例教学法 (2) 重点与难点：多媒体显示系统设备及大屏常见故障	2
				(4) 多媒体显示系统检修	1) 多媒体显示系统设备及大屏检修 2) 多媒体显示系统通信及线路检修 3) 多媒体显示系统电源检修	(1) 方法：讲授法、案例教学法 (2) 重点与难点：多媒体显示系统设备及大屏检修	2
课堂学时合计							132

附录4 二级/技师职业技能培训要求与课程规范对照表

2.1.4 二级/技师职业技能培训要求				2.2.4 二级/技师职业技能培训课程规范			
职业功能模块（模块）	培训内容（课程）	技能目标	培训细目	学习单元	课程内容	培训建议	课堂学时
1. 综合布线系统管理与维护	1-1 综合布线系统接管	1-1-1 能接管综合布线系统	接管综合布线系统	系统及技术资料接收流程	1) 系统接收流程	（1）方法：讲授法（2）重点与难点：系统接收流程	2
		1-1-2 能接收系统技术资料	接收系统技术资料		2) 系统技术资料		
	1-2 综合布线系统升级改造	1-2-1 能制定铜缆系统升级改造方案	制定铜缆系统升级改造方案	综合布线系统的升级改造	1) 综合布线系统的等级	（1）方法：讲授法（2）重点与难点：综合布线系统设计	6
					2) 综合布线系统的设计		
		1-2-2 能制定光缆系统升级改造方案	制定光缆系统升级改造方案		3) 综合布线系统的产品选型		
2. 火灾自动报警及消防联动控制系统管理与维护	2-1 火灾报警主机功能核查	2-1-1 能测试火灾报警主机功能	（1）测试供电、显示功能（2）测试故障报警功能（3）测试火灾报警优先功能（4）测试屏蔽、消音、复位功能（5）测试报警记忆功能	（1）测试火灾报警主机功能	1) 火灾报警主机的型号含义及火灾报警系统的组成	（1）方法：讲授法、案例教学法（2）重点与难点：火灾报警主机的型号、功能与工作原理	1
					2) 火灾报警主机的工作原理		
					3) 火灾报警主机的功能测试		
		2-1-2 能设置火灾报警主机参数	（1）设置火灾报警主机的系统参数（2）检查用户、设备的注册信息	（2）火灾报警主机的参数设置及核查	1) 系统时间设置、密码修改	（1）方法：讲授法、实训（练习）法、演示法（2）重点与难点：系统参数设置的步骤	2
					2) 进行系统现场设备、网络设置的检查		
					3) 进行手动键设置的检查		
					4) 进行启动类型、预警功能的操作设置		
					5) 进行防盗操作的设置		
					6) 进行打印操作的设置		

续表

2.1.4 二级/技师职业技能培训要求				2.2.4 二级/技师职业技能培训课程规范			
职业功能模块（模块）	培训内容（课程）	技能目标	培训细目	学习单元	课程内容	培训建议	课堂学时
2.火灾自动报警及消防联动控制系统管理与维护	2-2 消防联动控制系统检查	2-2-1 能测试消防联动控制系统功能	测试消防联动的功能	（1）编写消防联动程序	1）进行设备定义、设备注册	（1）方法：讲授法、实训法 （2）重点与难点：消防联动控制系统的组成及功能测试	1
					2）消防联动程序的编写		
				（2）测试消防联动功能	1）测试防火卷帘门的联动功能		1
					2）测试消防泵的联动功能		
					3）测试排烟系统的联动功能		
					4）测试消防电梯的联动功能		
					5）测试消防广播的联动功能		
					6）测试应急照明的联动功能		
		2-2-2 能排查消防联动控制系统故障	（1）排查消防联动控制系统常见故障 （2）排查消防联动控制系统重大故障	（3）排查消防联动控制系统故障	1）电源常见故障现象、原因及排除方法	（1）方法：讲授法、案例教学法 （2）重点与难点：消防联动控制系统的常见故障及重大故障	1
					2）通信常见故障现象、原因及排除方法		
					3）探测器的常见故障现象、原因及排除方法		
					4）其他引起消防联动控制系统故障的原因及解决办法		
	2-3 火灾报警主机远程接口功能核查	2-3-1 能配置火灾报警主机接口	选配网络接口卡和转换模块	（1）配置火灾报警主机接口	选配网络接口卡和转换模块	（1）方法：讲授法、案例教学法 （2）重点与难点：配置火灾报警主机接口	1

续表

2.1.4 二级／技师职业技能培训要求				2.2.4 二级／技师职业技能培训课程规范			
职业功能模块（模块）	培训内容（课程）	技能目标	培训细目	学习单元	课程内容	培训建议	课堂学时
2．火灾自动报警及消防联动控制系统管理与维护	2-3 火灾报警主机远程接口功能核查	2-3-2 能测试火灾报警主机接口功能	（1）检测通信网络（2）测试火灾报警主机网络接口卡（3）测试网络接口卡通信协议	（2）测试火灾报警主机接口功能	1）检测通信网络 2）测试火灾报警主机网络接口卡 3）测试网络接口卡通信协议	（1）方法：讲授法、演示法 （2）重点与难点：测试火灾报警主机网络接口卡	1
3．网络和通信系统管理与维护	3-1 计算机网络测试与维护	3-1-1 能远程管理局域网	（1）组建局域网（2）远程管理局域网	（1）局域网组网需求分析	1）业务需求 2）性能需求 3）安全需求	（1）方法：讲授法 （2）重点与难点：性能及安全需求	2
				（2）局域网组网参数配置方法	1）单机联网网络配置 2）双机互联网络配置 3）多机互联网络配置	（1）方法：讲授法、实训（练习）法 （2）重点与难点：多机互联网络配置	2
				（3）远程管理局域网	1）远程管理网络主机 2）远程管理网络设备	（1）方法：讲授法、实训（练习）法 （2）重点与难点：远程管理网络设备	2
		3-1-2 能诊断局域网故障	（1）认知网络故障及其分类	（4）网络故障分类	1）按软硬件故障分类 ①软件故障 ②硬件故障 2）按网络故障性质分类 ①物理故障 ②逻辑故障 3）按网络故障对象分类 ①线路故障 ②设备故障	（1）方法：讲授法 （2）重点与难点：软件故障及逻辑故障	2

附录

续表

2.1.4 二级/技师职业技能培训要求				2.2.4 二级/技师职业技能培训课程规范			
职业功能模块（模块）	培训内容（课程）	技能目标	培训细目	学习单元	课程内容	培训建议	课堂学时
3.网络和通信系统管理与维护	3-1 计算机网络测试与维护	3-1-2 能诊断局域网故障	（2）使用网络检测工具 （3）诊断网络线路故障 （4）诊断网络设备故障	（5）局域网常见故障诊断	1）常用故障检测工具 2）常用故障检测命令 3）网络线路故障诊断 4）网络设备故障诊断	（1）方法：讲授法、实训（练习）法 （2）重点与难点：网络线路及设备故障诊断	2
	3-2 卫星电视天线管理与维护	3-2-1 能维护与更换卫星电视天线	（1）维护卫星电视天线 （2）更换卫星电视天线	卫星电视天线的维护、更换及位置校正	1）卫星电视天线的概念 2）卫星电视天线维护与更换注意事项 ①调整时间的选择 ②选准天线的波瓣宽度 ③选用质量高的高频头 3）卫星电视信号标准 4）卫星电视天线调试 ①调准方位角、仰角和极化角 ②细调参数 ③调整安装位置 5）常见故障及解决办法	（1）方法：讲授法 （2）重点与难点：卫星电视天线调试	4
		3-2-2 能校正卫星电视天线位置	（1）天线安装位置选择 （2）调试卫星电视天线				
4.建筑设备监控系统管理与维护	4-1 现场控制器编程与调试	4-1-1 能编写现场控制器的用户程序	（1）编写直接数字控制器用户程序 （2）编写可编程控制器用户程序	（1）直接数字控制器、可编程控制器的编程	1）常用的直接数字控制器产品 2）直接数字控制器的典型应用 3）直接数字控制器的编程 4）常用的可编程控制器产品 5）可编程控制器的典型应用 6）可编程控制器的编程	（1）方法：讲授法、演示法 （2）重点与难点：现场控制器的编程方法	8
		4-1-2 能调试现场控制器的用户程序	（1）调试直接数字控制器用户程序 （2）调试可编程控制器用户程序	（2）直接数字控制器、可编程控制器的调试	1）空调全新风系统的程序调试 2）空调新回风系统的程序调试 3）给水系统的程序调试 4）排水系统的程序调试 5）照明系统的程序调试 6）红绿灯控制系统的程序调试 7）三相异步电动机星三角启动控制系统的程序调试 8）机械手控制系统的程序调试	（1）方法：讲授法、案例教学法 （2）重点与难点：现场控制器的程序调试方法	8

续表

2.1.4 二级/技师职业技能培训要求				2.2.4 二级/技师职业技能培训课程规范			
职业功能模块（模块）	培训内容（课程）	技能目标	培训细目	学习单元	课程内容	培训建议	课堂学时
4．建筑设备监控系统管理与维护	4-2 建筑设备监控系统组态与调试	4-2-1 能对建筑设备监控系统进行组态	建筑设备监控系统组态	典型建筑设备监控系统的组态及调试方法	1）静态画面的制作 2）动画连接 3）脚本程序的编写 4）报警显示与报警设置 5）报表与曲线的制作 6）中央空调监控系统的调试 7）给排水监控系统的调试 8）照明监控系统的调试 9）电梯监控系统的调试	（1）方法：讲授法、案例教学法 （2）重点与难点：建筑设备监控系统的组态方法	8
^	^	4-2-2 能对建筑设备监控系统进行调试	建筑设备监控系统调试	^	^	^	^
5．安全防范系统管理与维护	5-1 视频监控系统设备配置	5-1-1 能设置视频存储器	视频存储器设置	（1）视频存储器的设置	视频存储器 ①存储容量计算 ②视频存储器的设置	（1）方法：演示法、实训（练习）法 （2）重点与难点：视频存储器设置	2
^	^	5-1-2 能设置视频服务器	视频服务器设置	（2）视频服务器的设置	视频服务器 ①视频服务器工作原理 ②磁盘阵列 ③视频服务器的设置	（1）方法：演示法、实训（练习）法 （2）重点与难点：视频服务器设置	2
^	5-2 入侵报警系统主机配置	5-2-1 能设置入侵报警主机	入侵报警控制器的编程	（1）入侵报警控制器的设置	入侵报警控制器的编程	（1）方法：演示法、实训（练习）法 （2）重点与难点：入侵报警控制器的编程操作	2
^	^	5-2-2 能调试入侵报警系统	入侵报警系统管理软件应用	（2）入侵报警系统管理软件的操作	入侵报警系统管理软件及应用	（1）方法：演示法、实训（练习）法 （2）重点与难点：入侵报警系统管理软件的操作	2

续表

2.1.4 二级/技师职业技能培训要求					2.2.4 二级/技师职业技能培训课程规范			
职业功能模块（模块）	培训内容（课程）	技能目标	培训细目	学习单元	课程内容	培训建议	课堂学时
5. 安全防范系统管理与维护	5-3 门禁系统配置与管理	5-3-1 能配置门禁系统	门禁系统控制器的编程	（1）门禁系统控制器的设置	门禁系统控制器的编程	（1）方法：演示法、实训（练习）法 （2）重点与难点：门禁系统控制器的编程操作	2
		5-3-2 能管理门禁系统	门禁系统管理软件及应用	（2）门禁系统管理软件的操作	门禁系统管理软件及应用	（1）方法：演示法、实训（练习）法 （2）重点与难点：门禁系统管理软件的操作	2
6. 培训与管理	6-1 培训	6-1-1 能制订培训计划	编写培训计划	（1）职业培训基本流程	职业培训基本流程 ①岗位需求调研 ②培训需求对接 ③培训管理实务	（1）方法：讲授法、案例教学法 （2）重点与难点：培训管理实务	1
				（2）制订培训计划	编写培训计划 ①培训计划编写依据 ②培训计划编写原则 ③编写培训计划内容	（1）方法：讲授法、案例教学法 （2）重点与难点：编写培训计划内容	1
		6-1-2 能对三级/高级工及以下级别人员实施培训	（1）常用教学法的使用 （2）课堂教学的组织	（3）课堂组织与教学	1）常见的教学法 ①讲授法 ②讨论法 ③实训（练习）法 ④演示法 ⑤案例教学法 ⑥实物示教法	（1）方法：讲授法、演示法 （2）重点与难点：演示法、案例教学法	2
					2）课堂组织与教学 ①课程导入的方法 ②合理运用教学方法 ③实施过程考核评价 ④重点及难点的处理 ⑤课后归纳及总结	（1）方法：讲授法、案例教学法 （2）重点与难点：实施过程考核评价	

二级/技师职业技能培训要求与课程规范对照表

续表

2.1.4 二级/技师职业技能培训要求				2.2.4 二级/技师职业技能培训课程规范			
职业功能模块（模块）	培训内容（课程）	技能目标	培训细目	学习单元	课程内容	培训建议	课堂学时
6. 培训与管理	6-1 培训	6-1-2 能对三级/高级工及以下级别人员实施培训	（3）对三级/高级工及以下级别人员实施培训和指导	（4）对三级/高级工及以下级别人员实施培训	1）知识培训 ①职业道德与安全教育 ②职业标准及行业规范 ③最新相关法律、法规 ④行业前沿技术 2）操作指导 ①安装布线工艺指导 ②维护更换注意事项 ③常见故障排查解析 ④新产品操作指导	（1）方法：讲授法、演示法、案例教学法、实物示教法 （2）重点与难点：行业前沿技术、常见故障排查解析	8
	6-2 管理	6-2-1 能编制设备维修计划	编制设备维修计划	（1）编制设备维修计划	编制设备维修计划 ①编制设备维修计划的依据 ②编制设备维修计划的内容 ③编制设备维修计划的步骤	（1）方法：讲授法、案例教学法 （2）重点与难点：编制设备维修计划的内容	2
		6-2-2 能制定设备管理台账	制定设备管理台账	（2）制定设备管理台账	制定设备管理台账 ①制定设备台账封面 ②编写设备台账目录 ③编制设备档案卡片	（1）方法：讲授法、案例教学法 （2）重点与难点：编制设备档案卡片	2
课堂学时合计							82

附录

附录 5　一级/高级技师职业技能培训要求与课程规范对照表

职业功能模块（模块）	培训内容（课程）	技能目标	培训细目	学习单元	课程内容	培训建议	课堂学时
1. 网络和通信系统管理与维护	1-1 网络安全管理	1-1-1 能编制网络安全管理方案	（1）分析网络安全管理要求 （2）编制网络安全管理方案	（1）网络安全管理概述	1）网络安全管理要求 ①网络安全概念 ②网络安全管理规范	（1）方法：讲授法 （2）重点与难点：网络安全管理规范	4
					2）网络安全管理依据 ①网络安全法律、法规 ②网络安全等级保护 ③网络安全责任追究制度		
				（2）网络安全管理方案	1）网络安全制度管理 2）网络安全人员管理 3）网络安全建设管理 4）网络安全技术管理	（1）方法：讲授法 （2）重点与难点：网络安全制度管理	2
		1-1-2 能配置网络安全管理软件	（1）选择网络安全管理软件 （2）配置网络安全管理软件	（3）网络安全管理软件的功能	1）主机安全 2）数据安全 3）网络安全	（1）方法：讲授法 （2）重点与难点：数据安全	2
				（4）网络安全管理与维护方法	1）网络攻击防范 2）网络病毒防范 3）网络访问控制 4）网络行为审计 5）网络异常处理	（1）方法：讲授法 （2）重点与难点：网络攻击防范	2
				（5）网络安全管理软件配置	1）应用安全防护 2）下载安全防护 3）入侵安全防护	（1）方法：讲授法、案例教学法 （2）重点与难点：入侵安全防护	2

续表

2.1.5 一级/高级技师职业技能培训要求				2.2.5 一级/高级技师职业技能培训课程规范			
职业功能模块（模块）	培训内容（课程）	技能目标	培训细目	学习单元	课程内容	培训建议	课堂学时
1. 网络和通信系统管理与维护	1-2 虚拟专用网络（VPN）管理	1-2-1 能编制虚拟专用网络（VPN）实施方案	（1）规划VPN网络 （2）编制VPN实施方案	（1）虚拟专用网络（VPN）工作原理	1）虚拟专用网络（VPN）概念 2）虚拟专用网络（VPN）的功能 3）虚拟专用网络（VPN）的工作原理	（1）方法：讲授法 （2）重点与难点：VPN工作原理	2
				（2）VPN网络规划及实施管理	1）网络整体状况 2）设备命名规则 3）设备存放位置 4）设备的连接 5）IP地址的划分 6）VPN任务分解与进度安排 7）VPN实施人员构成与制作 8）VPN实施流程	（1）方法：讲授法、案例教学法 （2）重点与难点：VPN的网络规划	3
		1-2-2 能配置虚拟专用网络（VPN）	（1）部署VPN的节点 （2）测试VPN网络	（3）VPN的节点部署及测试	1）VPN网关设置 2）VPN服务器设置 3）VPN硬件测试 4）VPN系统测试 5）VPN全网测试	（1）方法：讲授法、实训（练习）法 （2）重点与难点：配置VPN	3
2. 建筑设备监控系统管理与维护	2-1 建筑设备节能方案制定与评估	2-1-1 能制定建筑设备节能运行方案	（1）制定空调系统节能运行方案 （2）制定给排水系统节能运行方案 （3）制定照明系统节能运行方案	（1）建筑节能基本知识	建筑节能基本知识 ①建筑设备主要能耗分析 ②建筑设备节能策略	（1）方法：讲授法 （2）重点与难点：建筑设备节能策略	2
				（2）制定建筑设备节能运行方案	1）制定空调系统节能运行方案 ①制定中央空调定温自动控制方案 ②制定中央空调变风量自动控制方案 ③制定冷水机组节能运行控制方案 2）制定给排水系统节能运行方案 ①制定变频恒压供水控制方案 ②制定热交换器恒温控制方案 ③制定热蒸汽冷凝水回收方案 3）制定照明系统节能运行方案 ①制定依据照度照明调光控制方案 ②制定照明系统定时控制方案 ③制定照明系统人体感应控制方案	（1）方法：讲授法、案例教学法 （2）重点与难点：制定建筑设备节能方案	6

附录

续表

2.1.5 一级/高级技师职业技能培训要求				2.2.5 一级/高级技师职业技能培训课程规范			
职业功能模块（模块）	培训内容（课程）	技能目标	培训细目	学习单元	课程内容	培训建议	课堂学时
2.建筑设备监控系统管理与维护	2-1 建筑设备节能方案制定与评估	2-1-2 能制定建筑设备节能改造方案	（1）制定空调设备节能改造方案 （2）制定给排水设备节能改造方案 （3）制定照明系统及灯具节能改造方案	（3）能耗监测系统基本组成	1）能耗监测管理中心 2）数据采集装置 3）能耗报表分析 4）计划与实绩管理 5）平衡优化管理 6）配电优化管理 7）能耗指标管理 8）报警管理 9）耗能设备管理 10）权限维护管理	（1）方法：讲授法、演示法 （2）重点与难点：能耗监测管理中心	2
				（4）制定建筑设备节能改造方案	1）空调设备节能改造方案 ①制定空调变风量（变频）控制方案 ②制定冷水机组群控方案 ③制定地源热泵节能控制方案 ④制定冷冻/冷却水泵变频1拖X控制方案 2）给排水设备节能改造方案 ①制定供水管网变频1拖X控制方案 ②制定生活热水节能设备改造方案 ③制定雨水回收设备节能改造方案 3）照明系统及灯具节能改造方案 ①制定照明系统定时控制方案 ②照明灯具的分类 ③照明灯具节能效果 ④风光互补发电技术	（1）方法：讲授法、案例教学法 （2）重点与难点：空调变风量（变频）控制方案、供水管网变频1拖X控制方案、照明灯具节能效果	6

一级/高级技师职业技能培训要求与课程规范对照表

续表

2.1.5 一级/高级技师职业技能培训要求				2.2.5 一级/高级技师职业技能培训课程规范			
职业功能模块（模块）	培训内容（课程）	技能目标	培训细目	学习单元	课程内容	培训建议	课堂学时
2. 建筑设备监控系统管理与维护	2-1 建筑设备节能方案制定与评估	2-1-3 能对建筑设备进行能耗分析	（1）建筑设备能耗分析 （2）建筑设备能效评估	（5）建筑设备能耗分析	1）建筑设备能耗分析 ①建筑分类能耗的概念 ②建筑分项能耗的概念 ③建筑能耗的分析方法	（1）方法：讲授法 （2）重点与难点：建筑设备能耗的分析方法、同期能耗的对比分析	4
					2）建筑设备能效评估 ①我国能效等级的概念 ②采用计算能效进行评估 ③采用运行能效进行评估 ④同期能耗的对比分析		
	2-2 系统集成与云平台管理	2-2-1 能制定智能楼宇系统集成方案	智能楼宇系统集成方案设计	（1）智能楼宇系统集成技术	智能楼宇系统集成技术 ①智能楼宇系统集成概念 ②智能楼宇系统集成内容 ③智能楼宇系统集成分级	（1）方法：讲授法、演示法 （2）重点与难点：智能楼宇系统集成内容	2
				（2）制定智能楼宇系统集成方案	智能楼宇系统集成方案设计 ①搭建信息一体化管控平台 ②智能楼宇系统监控功能设计 ③智能楼宇系统管理功能设计	（1）方法：讲授法、演示法、案例教学法 （2）重点与难点：智能楼宇系统集成方案设计	2
		2-2-2 能管理建筑群云平台	（1）建筑群云平台的运行管理 （2）建筑群云平台的后台管理	（3）云平台的基本概述	云平台的基本概述 ①云平台的概念及定义 ②云平台的一般模型 ③云平台的基本服务	（1）方法：讲授法、案例教学法 （2）重点与难点：云平台的基本服务	1
				（4）管理建筑群云平台	1）建筑群云平台的运行管理 ①云平台的信息资源管理 ②云平台的信息安全管理	（1）方法：讲授法、案例教学法 （2）重点与难点：云平台的后台功能设置	2
					2）建筑群云平台的后台管理 ①云平台的后台功能设置 ②云平台的数据备份		

附录

续表

2.1.5 一级/高级技师职业技能培训要求				2.2.5 一级/高级技师职业技能培训课程规范			
职业功能模块（模块）	培训内容（课程）	技能目标	培训细目	学习单元	课程内容	培训建议	课堂学时
3. 安全防范系统优化	3-1 安全防范系统联动优化	3-1-1 能制定安全防范系统联动方案	制定安全防范系统联动方案	（1）安全防范系统的升级改造	1）视频监控系统的设计 2）入侵报警系统的设计 3）门禁系统的设计	（1）方法：讲授法 （2）重点与难点：入侵报警系统的设计	4
		3-1-2 能配置安全防范系统	配置安全防范系统	（2）安全防范系统的联动控制	1）安全防范子系统间的联动要求 2）安全防范子系统间的联动控制关系	（1）方法：讲授法 （2）重点与难点：安全防范子系统间的联动控制关系	2
	3-2 安全防范系统集成优化	3-2-1 能制定安全防范系统提升改造方案	制定安全防范系统提升改造方案	安全防范系统的集成优化	1）安全防范系统的集成控制 2）安全防范系统的集成设计	（1）方法：讲授法 （2）重点与难点：安全防范系统的集成设计	2
		3-2-2 能优化安全防范系统集成方案	优化安全防范系统集成方案				
4. 培训与管理	4-1 培训	4-1-1 能对二级/技师及以下级别人员进行理论培训	（1）指导二级/技师编写理论培训计划 （2）对低级别人员进行理论培训	（1）对二级/技师及以下级别人员进行理论培训	1）指导二级/技师编写理论培训计划 ①确定理论培训教材 ②确定理论培训内容 ③确定理论考核方式 2）对低级别人员进行理论培训 ①新知识、新技术的培训 ②新工艺、新材料的培训	（1）方法：讲授法、案例教学法 （2）重点与难点：新知识、新技术的培训	2
		4-1-2 能对二级/技师及以下级别人员进行技能操作指导	（1）指导低级别人员使用设备、工具及仪表 （2）对低级别人员进行技能操作指导	（2）对二级/技师及以下级别人员进行技能操作指导	1）指导低级别人员使用设备、工具及仪表 ①楼宇系统常见设备及原理 ②楼宇系统常用工具及使用 ③楼宇系统常用仪表及使用 2）对低级别人员进行技能操作指导 ①系统维护、更换操作指导 ②系统检修、测控操作指导 ③系统编程、调试操作指导 ④系统接收、改造操作指导	（1）方法：讲授法、演示法、案例教学法 （2）重点与难点：楼宇系统技能操作指导	6

一级/高级技师职业技能培训要求与课程规范对照表

续表

2.1.5 一级/高级技师职业技能培训要求				2.2.5 一级/高级技师职业技能培训课程规范			
职业功能模块（模块）	培训内容（课程）	技能目标	培训细目	学习单元	课程内容	培训建议	课堂学时
4. 培训与管理	4-2 管理	4-2-1 能对智能楼宇管理人员进行技术能力评估	（1）对智能楼宇管理人员进行技术水平测评 （2）对智能楼宇管理人员进行操作能力评估	（1）对智能楼宇管理人员进行技术能力评估	1）对智能楼宇管理人员进行技术水平测评 ①通用技术水平测评方法 ②专业技术水平测评方法 ③测评智能楼宇管理人员技术水平 2）对智能楼宇管理人员进行操作能力评估 ①智能楼宇管理人员操作能力评估方法 ②评估系统维护、更换的操作能力 ③评估系统检修、测控的操作能力 ④评估系统编程、调试的操作能力 ⑤评估系统接收、改造的操作能力	（1）方法：实训（练习）法 （2）重点与难点：专业技术水平测评方法、操作能力评估方法	8
		4-2-2 能制定智能楼宇管理人员业务提升规划	（1）制定智能楼宇管理人员知识水平提升规划 （2）制定智能楼宇管理人员操作能力提升规划	（2）制定智能楼宇管理人员业务提升规划	1）制定智能楼宇管理人员知识水平提升规划 ①制定人员定期培训规划 ②制定人员定期测评规划 2）制定智能楼宇管理人员操作能力提升规划 ①人员业务提升规划的制定原则 ②制定人员岗位轮换规划 ③制定人员技能比武规划	（1）方法：讲授法 （2）重点与难点：制定人员定期培训、测评规划，制定人员轮岗、比武规划	8
课堂学时合计							79